本书由中央高校基本科研业务费专项资金资助（2014MS128）

柔性智能控制

刘　丽　著

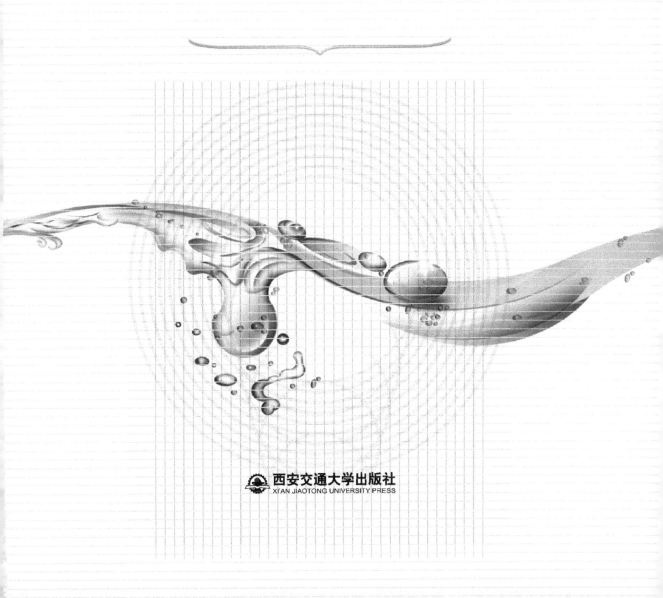

西安交通大学出版社
XI'AN JIAOTONG UNIVERSITY PRESS

内容简介

随着被控系统复杂程度以及对其控制要求的不断提高,具有认知和仿人功能、能适应不确定环境等特性的智能控制方法应运而生。智能控制是研究用计算机模拟人的智能,实现对复杂系统有效控制的理论、技术和方法,是自动控制技术不断发展的产物。本书从智能控制理论的逻辑基础入手,重点研究智能控制模型的柔性化问题,将具有广泛柔性特征的泛逻辑学引入智能控制中,提出了柔性智能控制模型 1CM-LG 和 ULICM,并对这两个模型的逻辑基础、基本原理、设计方法和应用进行了详细说明。

本书适用于大专以上文化水平,对逻辑学、数学、计算机、人工智能、自动控制、智能控制等感兴趣的读者,也可供相关研究方向的学者、教师和学生参考。

图书在版编目(CIP)数据

柔性智能控制 / 刘丽著. — 西安:西安交通大学
出版社,2016.12
ISBN 978-7-5605-9218-3

Ⅰ.①柔⋯ Ⅱ.①刘⋯ Ⅲ.①柔性控制—智能控制
Ⅳ.①TP24②TP273

中国版本图书馆 CIP 数据核字(2016)第 291231 号

书　　名	柔性智能控制
著　　者	刘　丽
责任编辑	郭鹏飞
出版发行	西安交通大学出版社
	(西安市兴庆南路 10 号　邮政编码 710049)
网　　址	http://www.xjtupress.com
电　　话	(029)82668357　82667874(发行部)
	(029)82668315(总编办)
印　　刷	虎彩印艺股份有限公司
开　　本	787mm×1092mm　1/16　印张 11.5　字数 280 千字
版次印次	2016 年 12 月第 1 版　2016 年 12 月第 1 次印刷
书　　号	ISBN 978-7-5605-9218-3
定　　价	68.00 元

读者购书、书店添货或发现印装质量问题,请与本社营销中心联系、调换。
订购热线:(029)82665248　(029)82665249
投稿热线:(029)82669097
读者信箱:lg_book@163.com

取得了一些成果，将泛逻辑作为智能控制的逻辑基础，不仅解决了智能控制模型的柔性化问题，而且也有利于促进泛逻辑学在更广泛的领域中发展。

本书重点探讨了智能控制模型的柔性化问题，从控制方法的逻辑基础入手，首先提出了一种智能控制模型 ICM-LG，并在此基础上进一步对智能控制的逻辑基础柔性化，提出了柔性泛逻辑智能控制模型 ULICM，本书的主要内容包括：

(1) 对自动控制的基本概念和方法进行了概括总结，对柔性泛逻辑学的基本原理进行了介绍，分析了智能控制理论的柔性化需求，提出了对智能控制模型进行柔性化的思路。

(2) 提出一种融合了线性二次型最优调节原理和遗传算法的智能控制模型 ICM-LG。ICM-LG 结合了线性二次型最优调节原理、拟人智能控制理论和遗传算法的优点，不依赖系统数学模型的精确性，不需要对系统物理特性和控制规律细致分析，避免了繁琐的控制参数预定和二次手工调节，其不等权的参数优化模块使控制过程更能反映各控制子目标优先级的不同，以及对控制快速性、稳定性要求侧重点的不同。

(3) 对 ICM-LG 的逻辑基础进一步柔性化，提出一种更符合被控对象特点的泛逻辑智能控制模型 ULICM。该方法不依赖系统数学模型的精确性，控制输出的决策考虑到被控量之间的相互关系和测量误差的影响，并允许决策门限连续可变，控制器的设计对被控对象的变化也不像其他智能控制器那样敏感和具有很强的针对性。对典型线性和非线性系统的成功控制证明了该模型的有效性和优越性。

(4) 为了进一步验证泛逻辑智能控制模型在解决复杂系统控制问题时的有效性和优越性，基于 n 级倒立摆系统的物理模型和数学模型，分别实现了一级倒立摆仿真和实物系统的自动起摆和泛逻辑稳定控制，二级倒立摆实物系统的 ULC_Ⅰ型 和 ULC_Ⅱ型泛逻辑稳定控制、自动行走控制和抗干扰控制，以及三级倒立摆仿真系统的 ULC_Ⅰ型泛逻辑稳定控制和抗干扰控制等。一系列的仿真和实物实验证明了泛逻辑控制理论具有控制精度高，控制快速和稳定的特点，且控制系统具有良好的抗干扰性和定位功能。

(5) 在上述关于泛逻辑控制模型的大量实验中，发现了 h 对控制系统性能有重要的调节作用。由于广义相关系数 h 是泛逻辑控制模型特有的，反映了控制器输入量之间的关系，因此，通过实验发现了如何在控制参数组确定之前根据控制目标之间的关系对 h 预设的基本方法，以及如何在控制参数组确定之后通过 h 对系统性能进行微调的基本规律。

本书是智能控制柔性化问题的阶段性研究成果，仍有许多方面需要深入研究，如将多元泛组合运算模型引入泛逻辑控制理论中、研究广义自相关系数 k 和决策门限 e 在实际应用中的物理意义等。

总的来看，作者的研究工作涉及较多的学科领域和专业知识，且由于知识水平和研究视角有限，书中不足之处在所难免，敬请各位专家和读者批评指正！

作 者

2016 年 9 月

前　言

随着现代科学技术的迅速发展，生产系统的规模越来越大，复杂大系统逐渐出现，它由大量相互作用或相互分离的子系统结合在一起，具有不同优先级的各种可变化的子任务要同时满足或依次满足性能指标。这种系统的非线性的、混沌的或事先不确定的动态行为，导致了控制对象、控制器，以及控制任务和目的的日益复杂化。

复杂系统的复杂性不仅仅表现在其高维性上，更多的则表现在被控对象模型的不确定性、系统信息的模糊性、复杂的信息模式、高度非线性、输入信息的多样化、控制的多层次和多目标要求、计算复杂性、庞大的数据处理，以及严格的性能指标等方面。面对这些特性，无论是经典控制理论还是现代控制理论都受到了极大的挑战，于是，将人工智能理论与技术运用到复杂系统的控制问题中形成的智能控制方法和技术应运而生。

智能控制的本质就是通过分析、研究人进行控制的过程，并用机器模拟这个过程，使控制系统具有类似于人的智能。这种方法来源于人们的实践经验，不需要系统精确的数学模型，控制效果不依赖于简单的解析表达式，是最接近于人的思维方式的控制方法。

目前，各种智能控制方法已经在很多工业过程中取得了令人瞩目的成绩，如机器人、柔性和集成制造系统、智能通信系统等等，但它们的数学理论基础却具有一定的争议。现有常见智能控制方法主要是基于经典逻辑或者连续值逻辑（主要是模糊逻辑）的。经典逻辑适用于描述对立充分的二值世界，这种绝对化的观点不允许亦此亦彼的中间过渡状态存在，无法满足描述对立不充分的现实世界中各种柔性的需要，显然，采用经典逻辑作为智能控制方法的逻辑基础不是最佳选择。以模糊逻辑为理论基础的模糊控制方法，通过承认真值柔性，使得复杂系统的控制向柔性化的方向迈出了很大的一步，但是我们也注意到，真正的智能控制不仅要具有柔性的真值域，还要有柔性的连接词、柔性的量词和柔性的推理模式支撑，只有具备了这些特性，才能对复杂系统进行更为有效和细致的控制。

在探索已有逻辑一般规律的基础之上，我国学者何华灿教授提出了一种能包容各种逻辑形态和推理模式的数理逻辑学理论新构架——泛逻辑。泛逻辑理论的命题真值域建立在任意的多维超序空间上，使得命题真值具有了柔性特征；它通过广义相关系数 h、广义自相关系数 k、偏袒系数 p 来刻画命题之间关系的不确定性，使命题连接词具有了柔性特征；除了经典逻辑中的全称量词和存在量词之外，泛逻辑学还提出了阈元量词、位置量词、程度量词等，使得量词具有了柔性特征；由于以上这些柔性特征，使得泛逻辑具有了柔性的推理过程。由此可见，以泛逻辑学作为逻辑基础的智能控制理论，是实现复杂系统柔性控制的一个更好的解决方案。

泛逻辑学在从产生至今的二十年当中，除了在理论上的深入研究外，在实际应用中也

目　录

第1章　智能控制概述

随着被控系统复杂程度以及对其控制要求的不断提高，传统的控制理论和方法亟需改进，具有认知和仿人功能、能适应不确定环境等特性的智能控制方法应运而生。然而，在面对由专家经验、常识推理等具有随机性、模糊性、近似性和不完全性的知识所引起的不确定性推理时，目前智能控制理论的逻辑基础还无法对其精确描述和研究。因此，智能控制理论还有很大的发展空间。

在讨论智能控制理论之前，有必要对自动控制理论的发展和相关概念等做一个简单的介绍。

1.1　自动控制及其发展

自从 20 世纪 40 年代美国科学家维纳（N.Wiener）创立"控制论"以来，控制科学在现代科学技术的诸多方面起着越来越重要的作用，被广泛应用于工业、农业、国防、日常生活和社会科学等领域[1-8]。

自动控制也被称为"控制工程"，从学科的角度也被称为"自动控制理论"，其核心内涵是研究如何通过能量转换和信息传递来满足人类生产生活的最佳需要，是一门各行各业都需要的横断学科。自动控制技术的广泛应用，有利于生产过程实现自动化、极大提高劳动生产率和产品质量，有助于改善劳动条件，帮助人类征服自然、探索新能源、发展空间技术和改善物质生活。本节将对自动控制的基本概念、主要内容等做简单介绍。

1.1.1　自动控制的发展史

人类对自动化的追求，可以追溯到遥远的古代。例如：中国西晋时期的崔豹所著的《古今注》中提到的指南车，被黄帝用在与蚩尤的作战中，"蚩尤作大雾，兵士皆迷，于是作指南车以示四方，遂擒蚩尤而即帝位"，指南车（司南车），无论车身如何旋转，车上"仙人"的手臂总是指向预先设定的南方；又如公元 231 年~234 年间，三国时期蜀汉丞相诸葛亮发明的木牛流马，作为一种战略物资的运输工具，其载重量为"一岁粮"，大约四百斤以上，每日行程为"特行者数十里，群行三十里"，为蜀国十万大军提供粮食；类似的例子还有公元 1 世纪古埃及和希腊的发明家创造了一些机器人或机器动物来适应当时宗教活动的需要，如教堂庙门自动开启、铜祭司自动洒圣水、投币式圣水箱和教堂门口自动鸣叫的青铜小鸟等装置。这些装置都可以看做是自动化设备的雏形，但由于相关的制作方法只是掌握在少数发明家手中，在当时没有形成相关的系统知识和理论为更多人掌握，所以逐渐失传，无法成为推动社会进步和发展的生产力。直到 20 世纪，人们才逐渐概括出控制理论的基本原理和方法，进而有意识地使用这些原理和方法创造出各种各样的自动化装置改善人类的生产生活状况，将人类从笨重、重复性的劳动中解放出来，从事更富有创造性的工作。

概括地说，控制理论的发展大致经历了经典控制理论、现代控制理论，以及大系统控制理论和智能控制理论三个阶段。

1. 经典控制理论（Classical Control Theory）阶段

1765 年瓦特（J.Watt）发明了蒸汽机，到 1788 年他为了解决工业生产中提出的蒸汽机的速度控制问题，把离心式调速器与蒸汽机的阀门连接起来，构成蒸汽机转速调节系统，使蒸汽机变为既安全又实用的动力装置。瓦特的这项发明开创了自动调节装置的研究和应用，也使其后的学者逐渐意识到多数调速系统中出现的震荡问题，由而引发了人们对控制系统稳定性的研究。

1868 年英国物理学家麦克斯韦（James Clerk Maxwell）在其文章"论调速器"中解释了瓦特转速控制系统，并通过建立和分析线性微分方程，指出震荡现象与系统导出的一个代数方程的根的分布密切相关。1876 年俄国机械学家 И.А.维什涅格拉茨基在法国科学院院报上发表文章"论调节器的一般理论"，进一步总结了调节器的理论，并用摄动理论使调节问题大为简化。1877 年英国数学家劳斯（E.J.Routh）提出代数稳定判据，即著名的劳斯稳定判据。1895 年德国数学家胡尔维茨（A.Hurwitz）提出代数稳定判据的另一种形式，即著名的胡尔维茨稳定判据。劳斯和胡尔维茨各自独立建立了直接根据代数方程的系数判别系统稳定性的准则，即代数判据，也被称为 Routh-Hurwitz 判据，该判据简单易行，至今仍然广为使用。1892 年俄国数学力学家李雅普诺夫（A.M.Lyapunov）发表博士论文"论运动稳定性的一般问题"，从数学方面给运动稳定性的概念下了严格的定义，并研究出解决稳定性问题的两种方法。李雅普诺夫第一法又称一次近似法，明确了用线性微分方程分析稳定性的确切适用范围。李雅普诺夫第二法又称直接法，不仅可以用来研究无穷小偏移时的稳定性（小范围内的稳定性），而且可以用来研究一定限度偏移下的稳定性（大范围内的稳定性）。李雅普诺夫稳定性理论至今仍然是分析系统稳定性的重要方法。

20 世纪以后，工业生产中广泛应用了各种自动调节装置，促进了对调节系统进行分析和综合的研究工作，1927 年美国贝尔电话实验室的电气工程师布莱克（H.S.Bleck）在解决电子管放大器失真问题时首先引入反馈的概念，为自动控制理论的形成奠定了理论基础。20 世纪 20~30 年代，美国开始在工业控制中采用 PID 模拟式调节器（比例－积分－微分调节器），同时反馈放大器开始得到应用。1932 年美国电信工程师奈奎斯特（H.Nyquist）提出了著名的奈奎斯特稳定判据，可以直接根据系统的传递函数来判定反馈系统的稳定性。1940 年美国学者波德（H.Bode）引入对数坐标系，使频率法更适合工程应用。20 世纪 40 年代初尼克尔斯（N.B.nichols）提出了 PID 参数正定方法，进一步发展了频域响应分析法。1948 年伊文斯（W.R.Evans）提出了根轨迹法，说明如何通过改变系统中某些参数改善反馈系统的动态特性。这些成果都标志着作为自动化学科核心内容的控制科学正在形成，后人将这一时期的理论成果称为经典控制理论。

1948 年，科学家维纳出版了《控制论》一书，标志着控制论的正式诞生，在书中，维纳将控制论定义为"关于在动物和机器中的控制和通信的科学"。控制论经过半个多世纪的发展，其研究内容和研究方法虽然都有了很大变化，但该书仍然被认为是一部影响深远的著作，是经典控制理论的总结。

经典控制理论阶段，着重研究单机自动化，解决单输入单输出（SISO，Single Input Single Output）系统的控制问题，其主要数学工具是微分方程、拉普拉斯变换和传递函数，主要研究方法是时域法、根轨迹法和频域法，主要问题是控制系统的稳定性、快速性及其精度。

2. 现代控制理论（**Modern Control Theory**）阶段

20 世纪 50 年代后，世界进入了一个相对和平发展的时期，各国对空间技术的发展逐渐重视起来，为了解决诸如把火箭和人造卫星用最少燃料和最短时间准确发射到预定轨道这类复杂的控制问题，控制理论逐渐由经典控制理论向现代控制理论转变。

1957 年 9 月，国际自动控制联合会（IFAC）在巴黎召开成立大会，会上通过了大会的章程和细则，选举美国自动控制专家切斯特纳（H.Chestnut）为 IFAC 第一届主席，规定每三年召开一次国际自动控制学术大会，并出版《自动学》、《IFAC 通讯》等期刊，IFAC 的成立标志着自动控制这一学科已经成熟，通过国际合作来推动系统和控制领域的新发展。

1954 年，中国学者钱学森在美国出版了《工程控制论》一书，该书被认为是由经典控制理论向现代控制理论发展的启蒙著作。1956 年苏联数学家庞特里亚金（L.S.Pontryagin）提出极大值原理。同年，美国数学家贝尔曼（R.Bellman）提出用于寻求最优控制的动态规划法。极大值原理和动态规划法为最优控制提供了理论工具，动态规划还包含了决策最优化的基本原理，并发现了维数灾难问题。1959 年美国数学家卡尔曼（R.E.Kalman）提出著名的卡尔曼滤波器，它是一种递推滤波器，可直接从信号模型出发，用递推的方法求最优线性滤波器的结构和最优增益，得到动态跟踪系统。卡尔曼滤波器适合于用电子计算机来实现，可用于解决随机最优控制问题。1960 年卡尔曼提出能控性和能观测性两个结构概念，揭示了线性系统许多属性间的内在联系。卡尔曼还引入状态空间法，提出具有二次型性能指标的线性状态反馈律，给出最优调节器的概念。这些学者将状态空间法系统地引入了控制理论，状态空间法对解释和认识控制系统的许多重要特性起到了关键作用，其中的能控性和能观测性尤为重要，是现代控制理论的两个最基本概念。在 1960 年召开的第一届全美联合自动控制会议上确认了现代控制理论这一学科。

现代控制理论的迅速发展引入了许多与状态空间相联系的新概念及许多新的数学方法。20 世纪 60 年代，时域法在空间技术上获得了卓有成效的应用，但在工业过程控制中却遇到了障碍，其主要原因是被控对象的精确数学模型难以得到，性能指标无法明确表示，直接采用最优控制和最优滤波的综合方法所得到的控制器往往结构过于复杂，甚至无法实现，于是一些学者采用了频域法。20 世纪 60 年代中期，卡尔曼就提出用频域法描述最优控制问题。1969 年英国曼彻斯特大学的教授罗森布罗克（H.H.Rosenbrock）发表著名论文"用逆奈奎斯特阵列法设计多变量控制系统"，开创了现代频域法的新纪元。1973 年英国曼彻斯特大学的教授梅恩（D.Q.Mayne）根据罗森布罗克的设计思想，结合波德的回差概念，提出了序列回差法(SRD)，它不要求加预补偿器，进行对角优势处理，因而简便直观。1973 年英国学者欧文斯（D.H.Owens）把经典控制理论和状态空间法结合起来提出并矢展开法，并用这种方法成功地分析了核反应堆模型。1975 年英国曼彻斯特大学教授麦克法兰（A.G.J.MacFarhae）把经典控制理论中的波德－奈奎斯特法和状态空间法结合起来提出特征轨迹法。现代频域法已成功地运用于石油、化工、造纸、原子反应堆、飞机发动机和自动驾驶仪等设备中多变量系统的分析和设计上，取得了令人满意的结果。在控制系统计算机辅助设计程序包中现代频域法也占有重要地位。

现代控制理论在本质上是一种"时域法"，但并不是对经典频域法从频率域回到时间域的简单再回归，而是立足于新的分析方法，是有新目标的新理论。现代控制理论形成的主要标志是卡尔曼的滤波理论、庞特里亚金的极大值原理、贝尔曼的动态规划法等，其研究内容涉及多变量线性系统理论、最优控制理论以及最优估计与系统辨识理论。现代控制理论从理论上解决了系统的能动性、能观测性、稳定性以及许多复杂的系统控制问题，在航空、航天、导弹控制等实际系统中得到了成功应用，并逐渐应用在工业生产过程中。

现代控制理论阶段，着重解决机组自动化和生物系统的多输入多输出（MIMO, Multi-Input Muti-Output）系统的控制问题，主要数学工具是一次微分方程组、矩阵论、状态空间法等，主要方法是变分法、极大值原理、动态规划理论等，重点是最优控制、随机控制和自适应控制，核心控制装置是电子计算机。

3. **大系统控制理论（Large Scale System Control Theory）和智能控制理论（Intelligent Control Theory）阶段**

随着生产的发展和科学技术的进步，20 世纪 60 年代末出现许多诸如化工联合企业、钢铁联合企业、大电力系统、交通管制系统、环境保护系统、社会经济系统等大系统，这些系统一般具有规模庞大、结构复杂、目标多样、影响因素众多、常带有随机性等特点。由于经典控制理论和现代控制理论都是建立在集中控制的基础上，即认为整个系统的信息能集中到某一点，经过处理，再向系统各部分发送控制信号，这些理论在处理大系统控制问题时遇到了系统庞大、信息难以集中、集中处理困难等问题，因此针对大系统的建模与仿真、优化和控制、分析和综合、以及稳定性、能控性、能观测性和鲁棒性等研究的大系统控制理论应运而生。

1965 年莱夫科维茨（I. Lefkowitz）提出大系统多层结构的概念，认为可以根据控制功能将大系统分解为若干层次。1965～1970 年，梅萨罗维茨（M. Mesarovic）等人提出大系统多级结构的概念，把大系统分解成若干子系统，把总目标分解成许多子目标。1968 年提出大系统的分散控制方法用一组只有局部信息的控制器分别控制大系统的各个子系统，实现大系统的次优控制，以减少信息传输方面的困难和费用。1976 年国际自动控制联合会（IFAC）在意大利乌第纳召开了第一届大系统学术会议，1982 年美国电气与电子工程师学会（IEEE）在美国弗吉尼亚州弗吉尼亚海滩举行了一次国际大系统专题讨论会，1980年在荷兰正式出版国际性期刊《大系统——理论与应用》，这些活动标志着大系统理论的诞生。

目前，自动控制正处在大系统控制和智能控制的发展阶段，相关学者提出了很多新的方法和理论，如自适应控制理论与方法、鲁棒控制方法、预测控制方法、模糊控制、神经网络控制、拟人智能控制、仿人控制等，关于智能控制理论的发展和基本原理，后文会有详细介绍，这里不做过多赘述。

大系统控制理论和智能控制理论阶段，着重解决生物系统、社会系统这类具有众多变量的大系统的综合自动化问题，方法是时域法为主，重点是大系统多级递阶控制和智能控制等，核心装置是网络化的电子计算机。其中，大系统控制理论是自动控制在广度上的开拓，而智能控制则是自动控制在深度上的挖掘。大系统控制理论是用控制和信息的观点，研究各种大系统的结构方案、总体设计中的分解方法和协调等问题的技术基础理论，智能控制则是研究与模拟人类智能活动及其在控制与信息传递过程中的规律，研究具有某些仿人智能的工程控制与信息处理系统。

1.1.2　自动控制的基本概念

自动控制是指在没有人直接参与的条件下，利用适当的设备或装置（称做控制装置或控制器）使机器、设备或过程（统称被控对象）的某个工作状态或参数（即被控量）自动地按照预定的规律变化，其本质在于无人干预。其中，过程是指一个具有一系列逐渐变化状态的被控过程，如化学过程、冶炼过程、生物过程等。

所谓系统，是指由相互制约的各个部分按一定的规律组成的、为达到一定目的、具有一定功能的整体。所谓自动控制系统，是为了完成自动控制任务，由被控对象、控制器及其他所需要的部件按照一定的方式连接起来构成的系统，它应该能够克服由于系统外部环境及内部参数变化而造成的各种扰动，使被控量满足一定的控制指标要求，稳定有效地工作。由此可见，系统是一个更为一般化的概念。

自动控制一般有开环和闭环两种基本工作方式。

开环控制系统如图 1-1 所示，一般由控制环节、执行环节和被控对象组成，控制器的控制作用由给定的输入决定，经过执行机构控制被控对象，而系统的输出不影响控制作用。

图 1-1　开环控制系统框图

开环控制的特点是设计实现简单，但当外界发生扰动或参数变化造成输出量偏离期望目标时，系统对于这种偏差没有调节能力，因此，开环控制一般用于动态控制性能要求比较低或扰动对系统性能影响不大的场合，例如电机顺序启动控制，交通信号、广告灯、电饭锅的顺序控制等。

开环控制系统的结构使得其难以满足环境复杂、存在多种扰动的工业控制要求，而且，在要求较高控制精度的场合，对控制系统的元件精度要求也比较高，因此系统成本上升。为了克服开环控制系统的弱点，现代自动控制系统主要采用了闭环控制方式，闭环控制系统的结构如图 1-2 所示，一般包括以下几个部分。

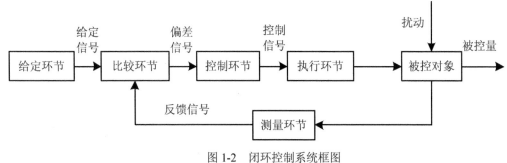

图 1-2　闭环控制系统框图

(1) 给定环节。产生给定的输入信号，体现事先设想的控制目标要求。给定值与期望输出值之间一般存在物理量纲转换关系，给定信号可以是常值，也可以是随时间变化的已知函数或未知函数。

(2) 比较环节。将给定信号和反馈信号进行比较，得到偏差（误差）信号。常见的比较环节有差动放大器、电桥和机械的差动装置等。

(3) 控制环节。也称控制器或调节器，根据偏差信号，按照一定的规律产生控制信号，实现控制的目标要求，是控制系统的核心组成部分。

(4) 执行环节。控制信号一般功率较小，不能直接作用于被控对象，需要有一些专门的装置将其进行功率放大，并作用于被控对象，使控制量发生期望的变化。

(5) 被控对象。控制系统实施控制作用的实体，如工作机械、装置或生产过程等，它接收控制量并输出被控量。一般需要控制的变量是被控对象的某个物理量或参量，是描述被控对象工作状态的、需要进行控制的物理量。被控对象工作时，随着外部环境和工作条件的变化，常常会有扰动作用于被控对象，使得被控量偏离预定的控制目标。

(6) 测量环节。通过测量环节可以获得反馈信号，测量环节将被控变量的变化状态提供给比较环节，用作进一步决策的依据。为了保证控制精度，要求测量装置应测量准确、牢固、可靠、受环境影响小。

(7) 反馈通道。从输出端到输入端的通路。

(8) 前向通道。从输入端到输出端的通路。

反馈是控制理论中的一个重要概念，所谓反馈是指通过一定的测量装置将输出量直接地或经过变换后，间接地全部或部分的返回系统输入端的过程。测量得到的与输出量具有确定关系的信号称为反馈信号。

反馈的概念最先应用于放大器，后来成为控制论的基本概念。自动控制理论中，反馈控制与闭环控制在本质上是一致的。根据反馈信号对输入信号的作用，反馈可以分为正反馈和负反馈。正反馈将输出信号反馈回来，叠加在输入信号上，通常加强系统输出偏离预定目标的行为，使系统输出与预定目标的偏差进一步加大，最终可能导致系统崩溃；负反馈从输入信号中减去反馈信号，并以其差值作为控制器输入信号，通常使系统输出与预定目标的偏差朝着减小的趋势变化，使系统运动趋于预定的目标。在实际控制中，为了保证系统的稳定运行，通常采用负反馈。

在经典控制中，常用的控制策略如下。

(1) 比例控制，即控制信号与偏差信号成正比。比例控制使系统输出偏离预定目标的趋势向减小的方向变化，但不能完全消除偏差，因为一旦偏差信号为零，控制信号也为零，执行环节将不起作用，此时，除非被控对象能自己保持被控输出不变，否则，会继续产生偏差。

(2) 积分控制,即控制信号与偏差信号的积分成正比。偏差为零时,积分作用可以使控制器输出信号保持一个常量,执行环节按控制信号保持状态不变,从而维持被控对象输出不变,因此,积分控制可以完全消除偏差,但纯积分信号不利于系统稳定运行。

(3) 微分控制,即控制信号与偏差信号的微分成正比。微分控制使执行环节有一个超前动作的过程,使被控对象的输出变化向有利于减小偏差的方向运动,对于控制系统动态过程性能的改善有很大作用。

在实际工程控制中,通常是上述控制策略的组合,如利用 PD 控制(比例+微分控制)获得更好的动态性能,利用 PI 控制(比例+积分控制)实现对偏差控制的要求,利用 PID 控制(比例+积分+微分控制)获得良好的动态性能,并实现对偏差控制的要求。

在闭环控制系统中,由于引入了反馈的概念,可以通过控制器设计,使系统具有满意的动态性能和稳态性能,可以减少或部分消除各类干扰对控制系统的影响,可以减小系统参数变化造成的影响,但也正是因为引入了反馈的概念,使得控制系统的复杂度提高、成本增加。闭环控制一般广泛应用于各种具有较高动态及稳态性能指标的自动控制系统,如卫星姿态控制、机器人运动控制、温度控制、雷达天线位置控制等。

实际上,为了获得更好的控制性能,还可以将开环控制和闭环控制结合起来,以闭环控制作为基本控制方式,保证系统的基本性能,而开环控制以前馈控制的方式,用于补偿某些已知变化规律的扰动对系统的影响,或对输入进行前馈补偿,使控制系统对某些复杂变化规律的输入信号具有更好的跟踪性能,从而构成复合控制系统。

1.1.3 自动控制系统的分类

自动控制系统的形式多种多样,从不同的角度可以分成不同的类别,常见的有以下分类方式。

1. 根据输入信号的特征分类

如果系统的输入信号是某个恒定的常值,要求系统能够克服各种干扰的影响,使被控量保持在一个常值附近,则这类控制系统被称为恒值控制系统(Fixed Set-Point Control System),也称为自动调节系统、自动镇定系统。恒值控制系统是一个能在各种干扰作用下进行自动调节的系统,能保证系统受到扰动后输出可以尽快恢复到期望数值上。

如果系统的输入信号是一个已知或未知的函数,要求被控量能精确地跟随输入信号变化,则这类控制系统被称为随动控制系统(Servo System),也称为伺服系统。随动控制系统面临的主要矛盾是被控对象和执行机构因惯性等的影响,使系统输出信号不能紧紧跟随输入信号变化。这类系统中虽然扰动也会产生影响，但一般不是系统的主要问题。

如果系统输入信号是按照预先编制的程序确定的，要求被控量能按照相应的规律随控制信号变化，则这类控制系统被称为程序控制系统（Programmed Control System）。

2. 根据系统参数的特性分类

如果系统参数在系统运行过程中相对于时间不变，则这类系统被称为定常系统或时不变系统（Time-invariant System）。这类系统的响应特性只取决于输入信号的形状和系统特性，与输入信号施加的时刻无关。严格的定常系统是不存在的，如果在考察的时间间隔内，系统参数变化相对于系统运动缓慢得多，可以将其作为定常系统处理。

如果系统参数是时间 t 的函数，则这类系统被称为时变系统（Time-varying System）。这类系统的响应特性不仅取决于输入信号的形状和系统特性，而且还与输入信号施加的时刻有关，工程中的大部分系统都是时变系统。

3. 根据时间变量的特性分类

如果控制系统中各环节的输入和输出均为 t 的连续函数，则这类系统被称为连续时间系统（Continuous-time System），简称连续系统。连续系统的运动规律可以用微分方程描述。

如果控制系统中有一处或一处以上的信号是脉冲序列或数字编码，则这类系统被称为离散时间系统（Discrete-time System），简称离散系统。离散系统的信号只有在特定的离散时刻有意义，在离散时刻之间无意义。离散系统的运动规律可以用差分方程描述。

具有采样过程的离散控制系统被称为采样控制系统。如果离散信号是用数字或数码形式传递的，则被称为数字控制系统。计算机控制系统就是数字控制系统。

4. 根据系统的数学模型分类

由线性元部件构成的自动控制系统被称为线性系统（Linear System），其运动规律可以用线性微分方程描述。由于实际的物理系统总是具有某种程度的非线性，因此严格意义上的线性系统并不存在，线性系统是为了简化和分析而提出的理想模型。线性系统的性能和状态可以用线性微分方程来描述，其具有叠加性和齐次性。

如果把系统视为输入到输出的一个映射 $Y = T(U)$ 时，所谓的叠加性是指当有任意有限个输入施加于系统时，系统输出等于这些输入分别施加于系统时对应输出的叠加。即满足式 1-1。

$$\text{如} \quad T(U_1) = Y_1 \quad T(U_2) = Y_2$$
$$\text{有} \quad T(U_1+U_2) = T(U_1) + T(U_2) = Y_1 + Y_2 \tag{1-1}$$

所谓的齐次性是指当系统输入按比例增加时，系统输出也按照同样比例增加，即满足式 1-2，其中 α 为任意实数。

$$T(\alpha U) = \alpha T(U) = \alpha Y \tag{1-2}$$

如果构成系统的元部件中，只要有一个输入输出特性是非线性的，则该系统被称为非线性系统（Nonlinear System），非线性系统不满足叠加性原理，系统响应与初始状态和外部作用都有关系，要用非线性方程描述其输入输出关系。典型的非线性系统具有继电器特性，饱和特性和不灵敏区特性等性质。

5. 根据变量数目的分类

如果系统只有一个输入（不包括扰动输入）一个输出，则被称为单输入－单输出系统，通常简称为单变量系统（Single-variable System）。如果系统有多个输入多个输出，则被称为多输入－多输出系统，通常简称为多变量系统（Multivariable System）。单变量系统是多变量系统的特例。

6. 其他

除了以上给出的分类方式外，还可以按系统功能分为温度控制系统、压力控制系统、速度控制系统等；按照系统的组成部件分为机械系统、电力系统、液压系统、生物系统等；按照控制理论分为 PID 控制系统、最优控制系统、预测控制系统、模糊控制系统等。

1.1.4　自动控制系统的基本要求

理想的自动控制系统的输出应该能准确而快速地跟踪系统的输入信号，并能克服各种扰动对系统带来的影响。但现实中的被控对象和执行机构总有一定的惯性，因此，当给定信号作用于系统时，系统总是经过一定的动态过程才能逐渐跟踪输入信号变化。

考虑到控制对象、工作方式，以及控制任务的不同，评价一个系统的优劣，指标是多种多样的，但对控制系统的基本要求却可归纳为稳定性、准确定和快速性三方面。

1. 稳定性（Stability）

稳定性是指系统被控量偏离期望值的偏差应随时间增长逐渐减小或趋于零。一个控制系统能正常工作的首要条件是系统必须是稳定的。稳定性是保证系统正常工作的条件和基础。具体来说，如果系统是稳定的恒值控制系统，被控量因扰动偏离期望之后，经过一个过渡过程会逐渐恢复到期望状态；如果系统是稳定的随动系统，被控量应能始终跟踪输入量变化。由于一般控制系统是具有反馈作用的闭环系统，因此，系统有可能趋向振荡或不稳定，不稳定的系统是无法工作的。

线性控制系统的稳定性是由系统结构决定的，与外界因素无关。因为控制系统中一般含有储能元件或惯性元件，其能量不可能突变，当系统受到扰动或有外部输入时，控制过程不会立即完成，而是会经过一个过渡过程，才能完成被控量恢复期望值或跟踪输入的要求。

系统稳定性包括两个方面的含义。一种是通常所说的稳定性，即系统稳定，也称为绝对稳定。另一种是相对稳定性，即系统输出响应振荡的强烈程度。

2. 准确性（Accuracy）

准确性是指控制系统的控制精度。理想情况下，过渡过程结束后，被控量达到的稳定值应与期望值一致，但实际控制中由于系统结构、外作用形式、摩擦、间隙等非线性因素影响，被控量总会与期望值之间存在误差，这种误差被称为稳态误差。很显然，稳态误差越小，系统的准确性越高。

3. 快速性（Rapidity）

在实际控制过程中，不仅要求系统稳定、准确，而且要求被控量能迅速按照输入信号所规定的形式变化，即要求系统具有一定的响应速度。快速性是指系统输出与输入量产生偏差时，控制系统消除这种偏差的快慢程度，快速性是在系统稳定的前提下提出的，主要描述了系统过渡过程的形式和快慢。

一般来说，在控制系统稳定的前提下，总是希望响应越快越好，超调量越小越好，但响应越快，响应曲线波动就会越大，对稳定性不利，因此，实际控制中应合理兼顾快速性和稳定性要求。

1.2 复杂系统对智能控制的需求

1.2.1 智能控制的产生和发展

上一节中介绍的经典控制理论和现代控制理论被称为传统控制理论，它们都是基于系统模型进行控制器设计的，即它们都需要建立系统的机理模型或实验模型，因此控制系统的性能在很大程度上取决于系统模型的精确性。虽然迄今为止，传统控制理论对整个科学技术的理论和实践已经做出了重要贡献，并为生产力的发展起到了巨大的推动作用，然而，现代科学技术的迅速发展和重大进步对自动控制理论提出了更高的要求，传统控制理论在实际应用中遇到了很多挑战，主要包括：

（1）传统控制系统的设计与分析是建立在精确的系统模型基础上的，而实际复杂系统的精确数学模型难以获得，往往是忽略了一些信息的不精确形式，随着系统规模的增大，这些被忽略掉的信息就显得越来越重要。因此，对于复杂被控对象，必须避免使用精确的数学模型或者寻求建立精确数学模型的新方法。

(2) 对于某些复杂被控对象，由于它所呈现的高维、非线性、分布参数、时变、不确定性等特征，很难通过以微分和积分方程为特征的数学工具建立传统意义上的数学模型，即无法解决建模问题，传统控制理论就显得无用武之地了。

(3) 使用传统控制理论解决复杂系统控制问题时，通常必须提出并遵循一些比较苛刻的假设，使得控制问题处于一种理想的环境中。然而，这些假设在一定程度上抹杀了复杂系统天生具有的复杂性等特征，控制效果自然不会很理想。

(4) 传统的控制理论虽然也有办法应对被控对象的不确定性和复杂性，如自适应控制和鲁棒控制可以克服系统中所包含的不确定因素，达到优化控制的目的。但是自适应控制是通过对系统某些重要参数的估计，自动调节控制器参数，以补偿的方法克服不确定性的影响，比较适合系统参数在一定范围内缓慢变化的情况；而鲁棒控制是通过提高系统的不灵敏度来抵御不确定性的，其鲁棒区域很有限。因此，自适应控制和鲁棒控制的应用有效性受到了很大限制。

(5) 传统控制系统的输入信息比较单一，而复杂被控系统具有复杂的输入信息模式，如图形、文字、语言、声音和传感器感知的物理量等，在处理这些信息之前，要求控制器能对它们进行融合、分析和推理等预处理，因此，控制系统要有自适应、自学习和自组织功能，这需要新一代的控制理论来支持。

针对传统控制理论面临的这一系列问题，相关的研究人员逐渐引入了人工智能等学科的思想和技术，提出了非线性控制、启发式搜索优化、学习控制、专家控制、模糊控制、神经网络控制、仿人控制、混合控制等控制策略，并逐渐形成了一整套的智能控制理论和技术。

美籍华裔科学家、普渡大学的傅京孙（King-sun Fu）教授于 20 世纪 60 年代中期最早提出了智能控制的思想，并率先提出把人工智能的启发式推理规则用于学习系统。1971 年，傅京孙教授又在论文中论述了智能控制就是人工智能与自动控制交叉的二元论思想，列举了三种智能控制系统，即人作为控制器，人机结合作为控制器和自主机器人[19-21]。鉴于傅京孙教授在智能控制领域的重要贡献，他被认为是智能控制的奠基人。

1965 年，加州大学自动控制系统专家 L.A.Zadeh 发表了"模糊集合"和"模糊集与系统"等研究成果，奠定了模糊集合理论应用研究的基础。1974 年伦敦大学的 Mamdani 开发了世界上第一台模糊控制的蒸汽引擎，首次将模糊逻辑应用到控制领域。直到今天，越来越多的学者在研究、发展和完善模糊逻辑控制理论和方法，并将其应用到更广泛的领域中。

1967 年，Leondes 和 Mendel 首次使用了智能控制（Intelligent Control）一词，并把记忆、目标分解等技术用于学习控制系统。

1977 年，萨里迪斯（Saridis）提出了智能控制是人工智能、运筹学、自动控制相交叉的三元论思想以及分级递阶智能控制的系统框架，认为控制经历了从反馈控制到最优控制、随机控制、自适应控制及至自组织控制、学习控制，最终到达智能控制的发展过程。

1984 年，阿斯特鲁（Astrom）发表文章，阐述了将人工智能中的专家系统用于自动控制的思想，明确提出了专家控制的概念。

阿尔布斯（J.S.Albus）、迪席尔瓦（De Silva）、蔡自兴、霍门迪梅洛（Homen De Mello）和桑德森等人还分别提出了分层控制、基于知识的控制、专家规划和分级规划等，促进了智能控制的发展。

计算智能控制也是智能控制的一个重要分支，包括遗传算法、人工神经网络、免疫算法在内的诸多计算智能方法，由于其模拟生物宏观或者微观特性的能力，已被越来越多地应用到控制领域中。它们或者直接作为控制器参与控制，或者被用于对被控系统动态建模，或者互相融合，以完善控制效果。

1985 年，IEEE 在美国纽约召开了第一届智能控制学术讨论会，1987 年，IEEE 控制系统学会与计算机学会联合召开了第一届智能控制国际会议，标志着智能控制这一学科的诞生，进入 20 世纪 90 年代，关于智能控制的论文、著作、会议、应用大量涌现，智能控制取得显著进展。

我国学者在智能控制领域也做出了很大贡献，如北京师范大学的李洪兴教授提出的变论域自适应模糊控制理论，周其鉴教授、李祖枢教授提出并完善的仿人智能控制理论，北京航空航天大学的张明廉教授等提出的拟人智能控制理论框架、李德毅教授提出的基于云模型的智能控制理论等。

1.2.2 复杂系统的主要特征

随着现代科学技术的迅速发展，生产系统的规模越来越大，复杂大系统逐渐出现，它由大量相互作用或相互分离的子系统结合在一起，具有不同优先级的各种可变化的子任务要同时满足或依次满足性能指标。这种系统的非线性的、混沌的或事先不确定的动态行为，导致了控制对象、控制器以及控制任务和目的的日益复杂化。

近年来，人们更是逐渐认识到，复杂系统的复杂性不仅仅表现在高维性上，更多则表现在：被控对象模型的不确定性、系统信息的模糊性、复杂的信息模式、高度非线性、输入（传感器）信息的多样化、控制的多层次和多目标要求、计算复杂性、庞大的数据处理以及严格的性能指标。

同时，人类对自动化的要求也更加广泛，面对来自如工业生产过程控制系统、智能机器人系统、核电站安全运行控制系统、航空航天及军事指挥系统等复杂系统的挑战，寻求新的控制理论和方法解决复杂系统的控制问题，已成为相关领域的专家学者所共同关心的课题。智能控制就是在这种背景下提出和逐步形成的。

虽然目前对复杂系统的定义还不统一，但相关领域的专家学者对其特征却有较为统一的认识[22,23]：

(1) 非线性。复杂系统中的非线性因素（内部及环境的）及它们之间的相互作用是形成复杂性的重要条件，普遍认为非线性是产生复杂性的必要条件。

(2) 数学模型难以建立。由于系统自身组成结构的种种问题，无法建立精确的数学模型，有时甚至模型本身就是不确定的，无法建立。

(3) 动态性。系统随着时间而变化，经过系统内部和系统与环境的相互作用，不断适应、调节，并通过自组织作用，经过不同阶段和不同的过程，向更高级的有序化发展，涌现出独特的整体行为与特征。

(4) 不确定性。不确定性是复杂系统中的另一个重要特征，例如复杂系统中部分子系统结构与（或）参数的不确定性，子系统间耦合作用的不确定性及外部干扰的不确定性等。

(5) 控制目标复杂。复杂系统的工作任务十分复杂，从而形成了复杂的信息图，同一系统中存在多种时间尺度和性能判据，需要系统具有自行规划和决策的能力。

(6) 复杂性。复杂系统的本质特征在于它的复杂性，它的数学模型是高维的，通常具有多输入多输出，其次，系统还具有以上提到的非线性、外部扰动、结构与参数的不确定性，有复杂和多重的控制目标和性能判据。

1.2.3 复杂系统控制问题的主要解决途径

目前，复杂系统控制问题的主要解决途径为：线性控制方法、用非线性理论分析和设计，以及智能控制技术，以下将分别对这几种途径进行探讨。

采用线性控制方法解决复杂系统的控制问题，迄今为止已经出现了很多成功有效的应用实例，其理论发展也已经相当成熟。线性控制方法基于系统的线性模型，而线性模型是系统数学模型在状态空间某个点线性化的结果，仅在该点附近的小范围内适用。因此，基于线性模型，对具有高度非线性特性的复杂系统进行控制，从本质上说是行不通的。

采用非线性理论分析和设计复杂控制系统，前提是可以得到系统的数学模型。但大多数情况下，由于系统的分布式传感器、高噪声电平等因素，很难建立系统、精确的数学模型。即使得到了系统的模型，又会因为系统中存在的多种时间尺度和性能判据，需要系统具有自行规划和决策能力，使得这一方法受到局限，且过于复杂。

为了适应自动控制技术的发展，将人工智能理论与技术运用到复杂系统的控制中形成的智能控制方法是目前解决复杂系统控制问题的新技术。同时，智能控制也成为人工智能技术新的应用领域。目前常见的智能控制技术主要有：模拟人的模糊逻辑思维及推理功能的模糊控制、模拟动物脑神经网络结构和功能的神经网络控制、模拟控制领域专家控制功能的专家系统、通过逐步归约复杂问题模仿人解决问题思路和方式的拟人智能控制、模仿人的控制过程的仿人智能控制、模拟人类通过学习获得知识的学习控制、模拟人类社会乃至人体不同层次组织功能的分层递接智能控制等。

智能控制的本质就是通过分析研究人进行控制的过程，并用机器模拟这个过程，使控制系统具有类似于人的智能。这种方法来源于人们的实践经验，不需要系统精确的数学模型，控制效果不依赖于简单的解析表达式，是最接近人的思维方式的控制方法。这个过程是集数字计算、非线性计算、柔性推理计算、神经计算、进化计算和混沌计算于一体的灵活的、自适应的信息处理，是柔性化的信息处理。

和传统的控制理论相比，智能控制的概念和原理主要是针对被控对象、环境、控制目标或任务的复杂性提出的，在解决具有不确定性的问题时有更大优势。而计算机科学、人工智能、信息科学、思维科学、认知科学和人工神经网络、模糊逻辑理论等方面的新进展和智能机器人的工程实践，从不同的角度使智能控制比传统控制具有了天生的优越性。因此，智能控制技术是解决复杂系统控制问题的趋势所在，它不仅是自动控制理论发展的必然，也为人工智能的研究应用提供了机遇。

1.3 智能控制对柔性逻辑学的需求

智能控制是近年来新兴的研究领域，它以智能控制理论、计算机技术、人工智能、运筹学为基础，是一门边缘交叉学科。智能控制强调智能决策和规划，适用于被控对象和环境具有未知或不确定因素、其数学模型难以建立或者其运行环境不可预测的场合，是自动控制技术的前沿。

1.3.1 智能控制的基本概念

智能控制（Intelligent Control，IC）作为一门交叉学科，其学科结构理论目前主要有二元交集结构、三元交集结构和四元交集结构三种思想。

1. 二元结构理论

傅京孙教授在 1971 年指出"智能控制系统描述自动控制系统与人工智能的交接作用"，把智能控制概括为自动控制（Automation Control，AC）和人工智能（Artificial Intelligence，AI）的交集，他强调人工智能中仿人的概念和自动控制的结合[24]，即：

$$IC = AC \cap AI \qquad (1-3)$$

2. 三元结构理论

1977 年，萨里迪斯从机器智能的角度出发，在二元交集结构中引入运筹学（Operations Research，OR），扩展出三元交集结构。在这种结构中，除智能与控制外，还强调了更高层次控制中的调度、规划、管理和优化的作用，即：

$$IC = AC \cap AI \cap OR \qquad (1-4)$$

在提出三元结构的同时，萨里迪斯还设计了分级智能控制系统的基本结构，它主要有组织级、协调级和执行级构成，其中组织级代表系统的主导思想，由人工智能起控制作用，协调级是组织级和执行级的接口，由人工智能和运筹学起控制作用，执行级作为最底层，通过控制理论进行控制。

除此之外，重庆大学的李祖枢教授在研究仿人智能控制理论及应用的过程中，将计算机科学技术（Computer Science，CS）引入二元结构理论，认为智能控制是人工智能技术、计算机科学技术和自动控制技术交叉的产物，即：

$$IC = AC \cap AI \cap CS \qquad (1-5)$$

3. 四元结构理论

基于前述的几种结构理论，蔡自兴教授把信息论（Information Theory，IT）包括进智能控制结构中，形成了智能控制的四元结构理论，即：

$$IC = AC \cap AI \cap IT \cap OR \qquad (1-6)$$

和许多高新技术学科一样，智能控制由于正处于发展之中，目前还没有一个统一的定义，所以它有许多描述形式。

从三元交集的角度看，智能控制是一种应用人工智能的理论与技术、以及运筹学的优化方法、并与控制理论方法和技术相结合，在不确定环境中仿效人的智能（学习、推理等），实现系统控制的控制理论与方法。

从系统的一般行为特征出发，阿尔布斯认为，智能控制[25]把知识和反馈结合起来，形成感知－交互式、以目标为导向的控制系统。该系统可以进行规划，产生有效的、有目的的行为，在不确定的环境中达到规定的目标。

从认知过程出发，智能控制是一种计算上有效的过程，它在非完整的指标下通过最基本的操作（归纳、集注和组合搜索等），把表达不完善、不确定的复杂系统引向规定的目标。

阿斯特鲁认为，智能控制[19,21,26]是把人类具有的直觉推理和试凑法等智能加以形式化或用机器模拟,并用于控制系统的分析与设计,以期在一定程度上实现控制系统的智能化。

从控制论的角度出发,智能控制是驱动智能机器自主地实现其目标的过程,是一类无需人的干预就能独立驱动智能机器实现其目标的自动控制。

以上不同角度的描述说明,智能控制具有认知和仿人功能,能适应不确定的环境,能自主处理信息以减少不确定性,能以可靠的方式进行规划、产生和执行有目的的行为,获得最佳的控制效果,其特点可以归纳为:

(1) 在分析和设计智能控制系统时,重点不在对数学公式的描述、计算和处理上(一些复杂大系统可能无法用精确的数学模型进行描述),而在对非数学模型的描述、符号和环境的识别、知识库和推理机的设计和开发上。

(2) 智能控制的核心是高层控制,其任务在于对实际环境或过程进行组织,即决策和规划,实现广义问题求解。

(3) 智能控制是一门边缘交叉学科,基础是人工智能、控制论、运筹学和信息论等,作为新兴的研究和应用领域,有着极其广泛的应用前景。

1.3.2 智能控制的数学理论基础

目前,智能控制方法已经在各种工业过程中取得了令人瞩目的成绩,如机器人、柔性和集成制造系统、智能通信系统等,但其数学理论基础却具有一定的争议。

传统的控制理论主要采用微分方程、状态方程以及各种数学变换作为研究工具,本质上是一种数值计算的方法。而人工智能主要采用符号处理、一阶谓词逻辑等作为研究的数学工具。智能控制研究的数学工具则是这两方面的交叉和结合,它主要有以下几种形式[14,27]:

(1) 符号推理与数值计算的结合。如专家系统,它的上层是专家系统,采用人工智能的符号推理方法;下层是控制系统,采用数值计算方法。

(2) 离散时间系统与连续时间系统的结合。如在计算机集成制造系统中,上层任务的分配和调度等用离散时间系统理论分析和设计;下层的控制则采用常规的连续时间系统分析方法。

(3) 神经元网络及模糊集合理论。神经元网络通过许多简单关系来实现复杂的函数,这些简单关系往往是非 0 即 1 的简单逻辑,而模糊集合理论中的逻辑取值可以在 0 和 1 之间连续变化。

(4) 进化计算与免疫计算等。进化计算可用于进化控制系统,免疫计算可用于免疫控制系统,它们都是以模拟计算模型为基础的,具有分布性、并行性、自组织性、自学习性和自适应性，其学习控制系统中常通过系统性能评价修正控制器参数。

纵观智能控制方法的逻辑基础，不难发现，它是基于经典逻辑或者连续值逻辑（主要是模糊逻辑）的。经典逻辑适用于描述对立充分的二值世界，在这个世界中，一个命题要么为真，要么为假，二者必居其一；一个元素要么属于这个集合，要么不属于这个集合，非此即彼。这种绝对化的观点不允许亦此亦彼的中间过渡状态存在，无法满足描述对立不充分的现实世界中各种柔性的需要。显然，采用经典逻辑作为智能控制方法的逻辑基础不是最佳选择。

Zadeh 提出的模糊逻辑是一种典型的连续值逻辑，其命题的逻辑真值不再是{0,1}中的一个确定值，而是一个可以在区间[0,1]上变化的实数。Zadeh 称这种由命题真值的连续可变性表现出来的真值柔性为模糊性，它描述了对立不充分的柔性世界中命题真值的不确定性。承认在逻辑学中存在模糊性，是模糊逻辑和经典逻辑的本质差别，但模糊逻辑只具有真值柔性，其命题连接词运算模型仍然是固定不变的，不能适应各种不同的情况。虽然有学者为了解决模糊逻辑命题连接词运算模型的多样化问题，已经进行了不少的修补工作，但在逻辑学上还未找到存在多种运算模型的合理解释或客观依据，其理论体系中的命题连接词、量词以及推理过程仍然是刚性的。

以模糊逻辑为理论基础的模糊控制方法，通过承认模糊命题真值的柔性即真值柔性，使得复杂系统的控制向柔性化的方向迈出了很大的一步，使控制过程更接近于人的思路。但是我们也注意到，真正的智能控制不仅要具有柔性的真值域，还要有柔性的连接词、柔性的量词和柔性的推理模式支撑，只有具备了这些特性，才能对复杂系统进行更为有效和细致地控制。

也就是说，智能控制迫切需要一个统一可靠的、关于不确定性推理的、灵活开放的、自适应的逻辑学作为理论基础，而泛逻辑就是这样一种具有广泛柔性特征的逻辑学。

泛逻辑理论的命题真值域建立在任意的多维超序空间上，使得命题真值具有了柔性特征；它通过广义相关系数 h、广义自相关系数 k、偏袒系数 p 来刻画命题之间关系的不确定性，使命题连接词具有了柔性特征；除了经典逻辑中的全称量词和存在量词之外，泛逻辑学还提出了阈元量词、位置量词、程度量词等，使得量词具有了柔性特征；由于以上这些柔性特征，使得泛逻辑具有了柔性的推理过程。由此可见，以泛逻辑学作为逻辑基础的智能控制理论，是实现复杂系统柔性控制的一个更好的解决方案。

1.3.3 泛逻辑学中的柔性和研究现状

由于复杂系统中存在各种不确定性及相互关系，经典的二值逻辑对它来说显得太刚性，人们因此转而寻求"非标准逻辑"或"现代逻辑"。基于 Zadeh 提出的模糊集合论，模糊逻辑通过承认命题真值的连续可变性打破了人们长期以来的"二值观"。而泛逻辑学则更进一步，它在承认命题真值柔性的基础上，分析命题之间关系的连续可变性，提出了"广义相关性"和"广义自相关性"两个重要的概念，将命题连接词运算模型定义为由相关性所控制的算子簇，实现了连接词运算模型的柔性化，并在柔性的真值域、连接词和量词基础上实现了柔性的推理。泛逻辑学的柔性主要体现在[28]：

(1) 描述命题不确定性的柔性真值域。泛逻辑的命题真值域 W 建立在任意多维超序空间上，而且可以在包括分数维空间的任意维空间上进行拓展。

(2) 描述命题间关系不确定性的柔性连接词运算模型。泛逻辑通过广义相关系数、广义自相关系数和偏袒系数刻画命题间关系的不确定性，其柔性连接词运算模型主要有泛非、泛与、泛或、泛蕴涵、泛等价、泛平均和泛组合等。

(3) 描述约束程度不确定性的柔性量词运算模型。量词的作用是约束命题、谓词的个体变元，在泛逻辑中除了有可以包容经典逻辑中全称量词和存在量词的范围量词外，还有阈元量词、位置量词、程度量词等。

(4) 描述推理过程不确定性的柔性推理模式。在柔性的真值域、连接词和量词基础上定义的演绎推理、归纳推理、类比推理、假设推理、发现推理、进化推理等推理模式，相互之间不是截然分开的，它们在一定条件下可以相互转化。

泛逻辑学在从产生至今的二十年当中，除了在理论上深入进行外，在实际应用中也取得了一些成果：鲁斌以泛逻辑学原理为理论基础，构造了一种能够包容各种逻辑形态的通用神经元模型——泛逻辑神经元，其较好地反映了抽象思维的柔性化规律[29]；毛明毅等建立了分形图像的"非与或"运算模型，实现了分形图像的泛逻辑运算仿真系统，给分形图像的研究提供了一种新思路[30]；有学者采用泛逻辑算子簇柔化模糊推理操作，提出了一种新型的变结构模糊逻辑控制器，可以适应控制对象的改变[31]；金翊等人设计了由泛逻辑生成的三值逻辑运算的实现光路，将泛逻辑学用于光计算机研究领域[32,33]；付利华、鲁斌等人将泛逻辑学的思想引入自动控制中[34]。

泛逻辑学为复杂系统的智能控制提供了新的思路和方法，以泛逻辑为逻辑基础的智能控制，能更精细地处理系统变量之间关系的不确定性，从而对复杂系统实现更有效的控制。

1.4 几种典型的智能控制

从智能控制概念的提出到现在，相关领域的专家学者已经提出了各种理论和方法，有些已经在实际控制中发挥了重要作用。下面是一些有影响的智能控制理论和方法。

1.4.1 模糊逻辑控制

模糊逻辑控制（Fuzzy Logic Control，FLC）是以模糊集合理论、模糊语言变量以及模糊逻辑推理为基础的一种计算机数字控制，是目前智能控制的一种重要而有效的形式[15,16,35-36]。

模糊逻辑控制利用模糊数学方法，对一些模糊语言描述的模糊规则，建立过程变量和控制方法之间的模糊关系，然后根据实际情况，基于模糊规则，利用模糊推理的方法获得控制量。模糊控制具有以下特点：

（1）模糊控制是一种基于规则的控制，它采用来自于操作人员控制经验或相关专家知识的语言型控制规则，在设计中不需要建立被控对象的精确数学模型，适于解决数学模型难以获取，动态特性不易掌握或变化显著的对象的控制问题；

（2）模糊控制基于启发性的知识及语言决策规则设计，有利于模拟人工控制的过程和方法，增强控制系统的适应能力，具有一定的智能水平；

（3）模糊控制系统的鲁棒性强，干扰和参数变化对控制效果的影响被大大减弱，适合于非线性、时变及纯滞后系统的控制。

经验证明，对一些复杂系统，特别是在系统存在不确定信息的情况下，模糊控制的效果优于常规控制。

如图 1-3 所示，模糊逻辑控制系统是一个闭环反馈系统，主要由模糊控制器、输入／输出接口装置、被控对象、传感器和执行机构等部分组成。模糊逻辑控制系统的核心部分为模糊控制器，主要由计算输入变量、模糊化处理、模糊规则库、模糊推理判决、解模糊等模块组成，其控制流程可概括为以下四个步骤。

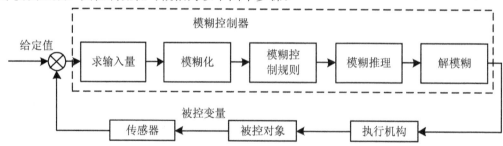

图 1-3 模糊逻辑控制系统原理图

1. 求输入量

根据采样得到的系统变量，计算模糊控制器的输入量。输入变量一般为实际被控变量和给定值之间的误差，但可以不止误差一个，也可以有误差的变化、误差变化的变化等。

2. 模糊化

在模糊控制系统运行中，控制器的输入值是有确定数值的清晰量 e，而模糊推理是通过模糊语言变量进行的，因此要将 e 转化为模糊量 $\tilde{e}$，即模糊化。模糊化一般有两种方法：一是把精确量离散化，将 $[a,b]$ 之间变化的连续量分为几个档次，每一档对应一个模糊集；二是将某区间内的精确量 x 模糊化成一个模糊子集，它在 x 处的隶属度为 1，其余各点的隶属度为 0。

3. 模糊推理

根据来自专家经验的模糊控制规则，对模糊输入进行模糊推理判决，得到模糊控制输出。模糊控制规则库是类似于"If……Then……"的规则的集合，可以表示为从误差论域到控制量论域的模糊关系，用模糊关系矩阵 $\tilde{R}$ 表示。模糊控制器的控制作用取决于控制量，而模糊控制量 $\tilde{u}$ 可以通过模糊关系和误差求出，如式(1-7)所示：

$$\tilde{u} = \tilde{e} \circ \tilde{R} \tag{1-7}$$

模糊控制规则基于专家的控制经验：一般当误差较大时，控制量应尽可能使误差迅速减小；当误差较小时，控制量的选择要以系统的稳定性为出发点，尽量防止系统产生不必要的超调甚至震荡。

4. 解模糊

将模糊控制量 $\tilde{u}$ 转化为精确量 u 的过程即解模糊。u 将通过执行机构最终施加到被控对象上。常用的解模糊方法有：

(1) 最大隶属度函数法：简单地取所有规则推理结果的模糊集合中隶属度最大的那个元素作为输出值；

(2) 重心法：取模糊隶属度函数曲线与横坐标围成面积的重心为模糊推理最终输出值；

(3) 加权平均法：输出是模糊隶属度函数各分量的加权平均，加权系数的选择根据实际情况而定。

1.4.2 仿人智能控制

仿人智能控制[37-39]（Human Simulated Intelligent Control，HSIC）的原型算法由重庆大学周其鉴教授等人[40]提出。近年来，又结合认知科学中的图式理论，形成了基于动觉智能图式的仿人智能控制理论。其原型算法如式(1-8)所示：

$$u = \begin{cases} K_p e + k K_p \sum_{i=1}^{n-1} e_{m,i} & e \cdot \dot{e} > 0 \bigcup e = 0 \bigcap \dot{e} \neq 0 \\ k K_p \sum_{i=1}^{n} e_{m,i} & e \cdot \dot{e} < 0 \bigcup \dot{e} = 0 \end{cases} \tag{1-8}$$

式中：u 为控制输出；K_p 为比例系数；k 为抑制系数；e 为误差；$\dot{e}$ 为误差变化率；$e_{m,i}$ 为误差的第 i 次峰值。

仿人智能控制器的原型是一种双映射关系，控制策略与控制模态的选择和确定是依据误差的状态及变化趋势的特征进行的。前期的仿人智能控制理论提出了一系列描述智能控制器的基本概念，如特征模型、特征辨识、特征记忆、多模态控制（决策）、直觉推理以及分层递阶的信息处理机构等。

近年来，仿人智能控制与现代认知科学中的图式理论相结合，形成了基于动觉智能图式的仿人智能控制理论[41]。在其体系结构中，仿人智能控制器具有多控制器结构，由动觉智能图式组成的知识库构成，库中的每一个动觉智能图式都可以构成一个局部控制器，都有自己的感知图式、运动图式和关联图式。当某个动觉智能图式接受到来自高层行为选择图式的指令被激活时，其感知图式感知、并特征辨识来自环境和被控对象的特征信息，按照关联图式规定的时空行为序列，以直觉推理的形式驱动相应的运动图式。被激活驱动的运动图式，对环境与对象进行定性与定量相结合、正反馈与负反馈相结合以及开闭环相结合的多模态控制，实现多控制指标的兼顾和多控制目标的优化。

1.4.3 拟人智能控制

拟人智能控制（Human-imitating Control）就是模仿人解决问题的思路和方式，采用广义归约法逐层分解复杂问题，通过分析被控对象的物理本质得到对象的定性控制规律，再利用适当的定性规律量化方法，最终获得系统控制量的控制方法[42-46]。其理论核心描述如下。

1. 广义归约

广义归约模拟人脑处理问题的方式，面对复杂控制问题，将其依次分解，最终把复杂控制问题分解成易求解的本原问题。

2. 拟人设计控制律

在广义归约的基础上，分析被控对象的物理本质，利用人的控制经验和知识形成定性控制规律。

由于本书提出的智能控制模型和相关实验涉及到拟人智能控制的具体原理，后续章节会对此控制方法详细分析。

1.4.4 神经网络控制

遗传算法、人工神经网络、免疫算法等计算智能方法除了用于参数寻优之外，由于其模拟生物宏观或者微观特性的能力，越来越多地被应用到控制领域中。尤其是人工神经网络，由于具有很强的非线性函数逼近能力、具有分布式信息存储和处理结构、分布计算等特点，对于自动控制领域有着巨大的吸引力，成为智能控制的一个重要分支。

神经网络控制（Neural Network Control），即基于神经网络的控制，或简称神经控制（Neural Control），这一术语最早来源于 1992 年 H.Tolle 和 E.Ersu 的专著 *Neurocontrol*，是指在控制系统中采用神经网络这一工具对难以精确描述的复杂的非线性对象进行建模，或充当控制器，或优化计算，或进行推理，或故障诊断等，亦即同时兼有上述某些功能的适应组合，将这样的系统统称为神经网络的控制系统，将这种控制方式称为神经网络控制。根据此定义，人工神经网络在控制系统中的实际应用可以粗略地分为如下几类[19-21,27,47]。

(1) 用作控制器、观测器或补偿器。

(2) 进行动态系统建模，充当被控对象的模型；

(3) 用来调整控制器参数，起优化计算的作用；

(4) 作为系统中信息转换与预处理环节，如模式识别、推理、决策、信息融合等；

(5) 与其他智能控制方法融合，完善控制器性能。

以下是几种典型的神经网络控制方案[14-16,47]。

1. 神经网络监督控制

用神经网络对传统控制器进行学习，并逐渐取代传统控制器的方法，称为神经网络监督控制。神经网络监督控制系统的结构如图 1-4 所示。

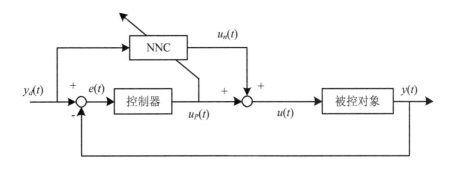

图 1-4 神经网络监督控制系统

其中，神经网络控制器通过对传统控制器的输出学习，确定了网络中各个连接权值，使反馈控制输入趋近于零，从而实现了神经网络控制器在控制过程中的主导作用，并最终取消反馈控制器的作用。一旦系统出现干扰，反馈控制器重新起作用。这种前馈加反馈的监督控制方法，不仅可以确保控制系统的稳定性和鲁棒性，而且可有效地提高系统的精度和自适应能力。

2. 神经网络直接逆控制

神经网络直接逆控制就是将被控对象的神经网络逆模型直接与被控对象串联起来，以便使系统在期望响应与被控系统输出间得到一个相同的映射。将此网络作为前馈控制器后，被控对象的输出为期望输出。由此可见，神经网络直接逆控制系统的性能在相当程度上取决于逆模型的准确程度。而且，由于缺乏反馈，该方法的鲁棒性不足，为此一般应使其具有在线学习能力，即作为逆模型的神经网络连接权能够在线调整。图1-5和图1-6所示是两种神经网络逆控制的结构，图1-5中的NN1和NN2具有完全相同的网络结构和学习算法，分别实现对象的逆。图1-6中，神经网络NN通过评价函数进行学习，实现对象的逆控制。

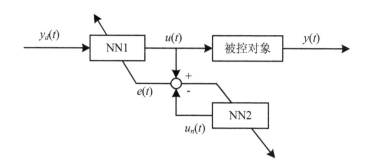

图 1-5　神经网络直接逆控制系统 1

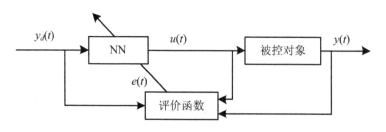

图 1-6　神经网络直接逆控制系统 2

3. 神经网络内模控制

经典的内模控制（IMC）将被控系统的正向模型和逆模型直接加入反馈回路，系统的正向模型作为被控对象的近似模型与实际对象并联，两者输出之差被用作反馈信号，该反馈信号又经过前向通道的滤波器及控制器进行处理。控制器直接与系统的逆有关，通过引入滤波器来提高系统的鲁棒性。内模控制是一种非线性系统控制方法，具有在线调整方便、系统品质好、采样间隔不出现纹波等特点，常用于纯滞后、多变量、非线性系统的控制。

图 1-7 所示是基于神经网络的内模控制系统结构，其中 NN1 为正向控制通道上的一个具有逆模型的神经网络控制器，NN2 为充分逼近被控对象的动态模型，被控对象的正向模型及控制器均由神经网络来实现。

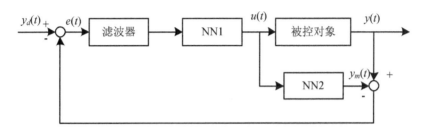

图 1-7　神经网络内模控制系统

4. 神经网络模型参考自适应控制

神经网络自适应控制分为自校正控制和模型参考自适应控制，这两种形式的主要区别在于自校正控制没有参考模型，是依靠在线递推辨识来估计系统未知参数的。

在神经网络模型参考自适应控制中，闭环控制系统的期望性能是用一个稳定的参考模型描述的，它可以分为直接和间接两种类型，分别如图 1-8 和 1-9 所示。其中，$r(t)$ 是参考模型的输入，$y_m(t)$ 是参考模型的期望输出。在直接方式中，控制目的是通过控制器权重的修正使实际输出 $y(t)$ 跟踪期望输出 $y_m(t)$，但由于被控对象含有未知参数，这类神经网络控制器的学习和修正遇到许多困难。针对此问题，在间接方式中，增加了神经网络辨识器，该辨识器可以离线辨识被控对象的前馈模型，然后通过 $e_i(t)$ 进行在线学习和修正。

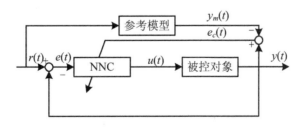

图 1-8　神经网络直接模型参考自适应控制

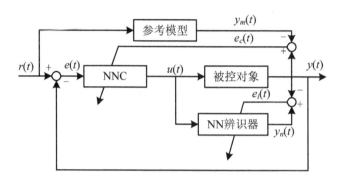

图 1-9 神经网络间接模型参考自适应控制

5. 神经网络自校正控制

神经网络自校正控制根据被控对象的正向或逆模型的输出结果调节神经网络控制器或传统控制器的内部参数，使系统满足给定的指标。神经网络自校正控制也可以分为直接和间接两种类型。直接自校正控制调整的是神经网络控制器本身的参数，本质等同于神经网络直接逆控制。间接自校正控制系统由常规控制器和神经网络估计器构成，后者用于调整常规控制器的参数。图 1-10 所示为神经网络间接自校正控制系统的结构。

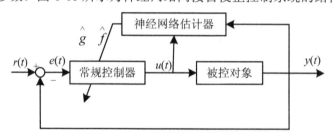

图 1-10 神经网络间接自校正控制

其中，被控对象为仿射非线性系统，满足 $y = f + gu$，常规控制器的映射关系通常含有非线性映射关系 f 和 g。神经网络估计器主要用来逼近非线性函数 f 和 g，从而得到具有足够近似精度的 $\hat{f}$ 和 $\hat{g}$。此时常规控制器的输出如式（1-9）所示。

$$u = (y_d - \hat{f})/\hat{g} \qquad (1\text{-}9)$$

1.4.5 递阶智能控制

递阶智能控制（Hierarchical Intelligent Control）简称递阶控制，它是在研究早期学习控制系统的基础上，从工程控制论角度总结人工智能与自适应控制、自学习控制和自组织控制的关系之后逐渐形成的，是智能控制最早的理论之一，包括萨里迪斯提出的基于三个控制层次的三级递阶智能控制理论、Villa 提出的基于知识描述和数学解析的两层混合智能控制理论、四层递阶控制结构和三段六层递阶控制结构理论等。

其中，萨里迪斯提出的递阶控制理论按照 IPDI（Increasing Precision with Decreasing Intelligence）原则分级管理，包含组织级、协调级、执行级[14-16,19-20,48]，具体如图 1-11 所示。

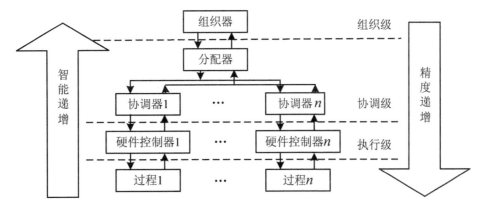

图 1-11　分级递阶智能控制

组织级为最高级，能够模仿人的行为功能，具有相应的学习能力和高级决策能力，能监督指导协调级和执行级的所有行为，具有最高程度的智能。组织级能根据用户对任务的不完全描述和与实际过程及环境有关的信息，选择合理的控制模式并向低层下达，以实现预定的控制目标。

协调级是次高级，主要任务是协调各控制器的控制作用，或者协调各子任务的执行。协调级一般由多个协调控制器和分配器组成，协调控制器既接受组织级的命令，又负责执行级控制器的协调，分配器则将组织级给定的任务转换成面向协调器的控制指令序列，并在适当时刻将它们分配给相应的协调器。任务完成，分配器也负责生成反馈信息，回送组织级。

执行级是最低级，由多个硬件控制器组成，任务是完成具体的控制任务，其智能程度最低，但控制精度最高。

1.4.6　专家智能控制

专家控制的概念最早可追溯至 1983 年海斯·罗思（Hayes-Roth）等人的研究工作，他们指出专家控制系统能重复解释当前的状况，预测未来的行为，诊断出现问题的原因，制定矫正规则，并监控规划的执行，确保成果。世界上第一个专家控制系统的应用是 1984 年一个用于炼油的分布式实时过程控制系统。瑞典学者阿斯特鲁在 1986 年发表了题为 *Expert Control* 的论文，从此，更多的专家控制系统被开发和应用，逐渐形成了专家控制这一智能控制分支。

专家控制（Expert Control）是智能控制的一个重要分支，它将专家系统的理论和技术同自动控制理论、方法和技术相结合，在未知环境下，仿效专家的智能，实现对系统的控制，又称为基于知识的控制或专家智能控制[14-16,19-20]。它具有专家水平的知识，能进行有效的推理，可获取知识，具有灵活性、透明性、交互性、实用性、复杂性和一定的难度，被广泛应用于医疗诊断、图像处理、语音识别、地质勘探、实时监控、分子遗传工程、军事等领域中。

一般来说，专家控制系统主要包含数据库、规则库、推理机、人机接口和规划环节几部分。其中，数据库主要用于存储事实、证据、假设和目标等，规则库存放产生式规则，推理机根据一定的策略、根据数据库的内容确定下一条产生式规则，人机接口负责更新知识库的规则，以及帮助用户询问等，规划环节保证控制系统能随着所需要的操作条件在线地改变控制过程。

考虑到建造专家控制系统的复杂性和高代价，在实际应用中，对一些被控对象，根据其控制性能指标、可靠性、实时性及对性价比的要求，可将专家控制系统简化，例如，不设人机自然语言对话，减小知识库规模，简化推理机设计，此时专家控制系统变为一个专家控制器。专家控制器的结构如图 1-12 所示。

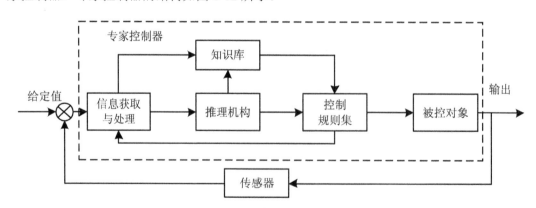

图 1-12　专家控制器结构图

按照专家控制器在控制系统中的作用和功能，专家控制系统可分为直接专家控制系统和间接专家控制系统两类。直接专家控制系统中，控制器直接向系统提供控制信号，并直接对受控过程产生作用。间接专家控制系统中，控制器间接对受控过程产生作用，也称为监控式专家控制系统或参数自适应控制系统。这两类控制系统结构如图 1-13 和图 1-14 所示。

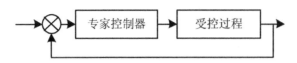

图 1-13 直接专家控制系统的组成结构

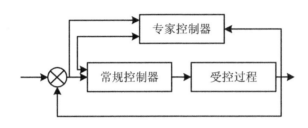

图 1-14 间接专家控制系统的组成结构

除上文提到的智能控制方法之外，智能控制还包括学习控制、进化控制、免疫控制、MAS 控制、网络控制、基于云的智能控制，以及各种控制理论互相融合的复合智能控制方法，它们在实际生产生活中也有广泛应用[19-22,48-49]。

1.5 本章小结

自动控制是指在没有人直接参与的情况下，利用自动控制装置操控被控对象，使被控对象或过程自动地按照预定的规律运行。自动控制从上个世纪 40 年代诞生以来，已经经历了经典控制理论、现代控制理论、大系统控制理论和智能控制理论三个阶段，产生了大量的研究成果，并在各个领域产生了巨大的推动作用，是现代化社会不可或缺的组成部分。

能够实现自动控制的系统称为自动控制系统。自动控制系统从不同的角度可以划分为不同的类别，如恒值控制系统、随动控制系统与程序控制系统，时变系统与时不变系统，线性控制系统与非线性控制系统，单变量系统与多变量系统等。

由于复杂系统具有高维性、系统信息的模糊性、不确定性、偶然性和不完全性等，给基于数学模型的传统控制理论的发展带来了困难和挑战，具有认知和仿人功能，能适不确定的环境的智能控制理论应用而生。

目前智能控制方法的逻辑基础主要是经典逻辑和模糊逻辑，然而经典逻辑只适用于完全对立的二值世界，无法满足描述千变万化的现实世界的需要；模糊逻辑虽然承认了命题真值的连续可变性，但其命题连接词、量词、推理模式等仍然是刚性的。智能控制迫切需要一个统一可靠的、关于不确定性推理的、灵活开放的、自适应的逻辑学作为理论基础，而泛逻辑就是这样一种具有广泛柔性特征的逻辑学，为智能控制理论的发展提供了新的思路。

　　本章重点介绍了自动控制的基本概念和定义，简述了目前典型的智能控制方法，着重分析了智能控制在解决复杂系统控制问题时的优势、智能控制对柔性逻辑学的需求以及泛逻辑学的研究现状。

第2章　柔性泛逻辑智能控制的逻辑基础

智能控制具有跨学科的特点，无论是傅京孙提出的二元结构理论，还是萨里迪斯提出的三元结构理论，乃至后来蔡自兴提出的四元结构理论，人工智能都是智能控制不可缺少的组成部分。因此，智能控制理论和技术的提高，离不开人工智能学科的深入发展。在人工智能发展最初的 20 年中，标准逻辑曾起到很大的推动作用。但随着对专家知识和常识推理的研究逐渐进入人工智能研究领域、随着复杂系统的控制越来越依赖智能控制，人工智能迫切需要一个统一的、能描述认识全过程思维规律的逻辑学作为自己的理论基础，即需要一种包含各种逻辑形态和推理模式的、开放灵活的、自适应的柔性逻辑学。

2.1 泛逻辑学产生的背景

2.1.1　专家经验和常识推理需要柔性逻辑

在人工智能发展的初期，标准逻辑扮演了基础理论的角色，逻辑推理和启发式搜索在抽象思维中的重要作用被发现，定理证明、问题求解、博弈、LISP 语言和模式识别等关键领域的研究有了重大突破。

但随着对消解原理和通用问题求解程序的深入研究，标准逻辑遇到了瓶颈，人工智能中的推理和搜索与传统计算机应用中的数值计算一样，都存在组合爆炸问题，依然无法回避算法危机。此时人们从专家系统的成功得到启发：人类之所以能快速高效地解决各种复杂问题，不仅是由于人有逻辑推理和启发式搜索能力，更由于人具有知识，特别是有关领域的专门知识。

通常来说，专家经验（知识）是没有完备性和可靠性保证的经验性知识，不能被简单地描述为真或假。为了处理专家的经验性知识，许多不精确推理模型被提出，如用随机性观点来研究不精确性的概率模型、建立在确定性因子基础上的确定性模型、以概率论为基础的证据理论模型和 Zadeh 提出的可能性模型等。然而，这些不精确推理模型还只是一些经验性的模型，要么是一些固定的经验公式，没有理论根据；要么是公式有理论根据，但强加了一些使用条件，限制了它们的使用范围。

除了专家知识外，人工智能的继续发展还离不开常识的表示和运用。专家知识是仅涉及某个狭窄领域的专门化知识，其突出特点是不精确性；常识则涉及认知主体和生存环境方方面面的经验，其突出特点是海量性和不完全性。近年来，人们根据常识推理的某些特点，提出了一系列现代逻辑的框架，但它们也有两点先天不足：

（1）现有的现代逻辑一般都是根据常识的某个单一特性进行研究，没有考虑到常识的不同特性的统一表示和相互转化问题；

（2）常识推理是信息不完全情况下的不精确推理，但目前不精确推理还停留在经验阶段，没有可靠的理论基础，致使常识推理不得不建立在经典逻辑的基础上，而经典逻辑早已被证明不能满足不精确推理的需要。

由以上分析可知，专家经验和常识推理迫切需要一个统一可靠的，关于不精确推理的、包容一切逻辑形态和推理模式的、灵活开放的、自适应的逻辑学作为理论基础。

2.1.2 模糊逻辑等逻辑系统的不足

近年来，以模糊逻辑、非单调逻辑、认知逻辑、次协调逻辑等为代表的非经典逻辑的研究十分活跃。这些逻辑体系，尤其是模糊逻辑逐渐得到人们的普遍重视并被深入研究。

和描述、处理具有内在同一性和外在确定性问题的刚性逻辑不同，模糊逻辑是一种具有真值柔性的逻辑体系，它描述和处理具有内在矛盾性和外在不确定性的问题。Zadeh 在提出模糊逻辑时，通过隶属函数分布图，在[0,1]上直接给出了模糊命题连接词的定义[50-54]：

$$\sim p = 1 - p \tag{2-1}$$

$$p \wedge q = \min(p, q) \tag{2-2}$$

$$p \vee q = \max(p, q) \tag{2-3}$$

以后又有学者引入了其他命题连接词的定义[55]：

$$p \rightarrow q = \min(1, 1 - p + q) \tag{2-4}$$

$$p \leftrightarrow q = 1 - |p - q| \tag{2-5}$$

上述模糊命题连接词$(\sim, \wedge, \vee)$被称为 Zadeh 算子组，$(\wedge, \vee)$被称为 Zadeh 算子对。模糊命题连接词具有幂等律、结合律、交换律、分配律、同一律、两极律、对偶律、吸收律、补余律、对合律和否定律等基本性质。

按照 Zadeh 的模糊理论，隶属度和模糊逻辑运算都具有普适性，能用于各种模糊推理。但应用实践已反复证明，Zadeh 算子组只在部分情况下是合理的，在大多数情况下是不合理的、片面的，模糊推理中盲目的使用 Zadeh 算子组常会造成不可容忍的偏差，模糊命题连接词运算模型不应该是一个固定不变的算子，而应该是一组不确定的算子簇。

也就是说，由于只承认了命题的真值柔性，模糊逻辑的柔性意义还不完全，是一种只具有部分柔性的逻辑学体系。突破刚性逻辑学的种种局限性，建立一种比模糊逻辑更具柔性的、更能反映真实世界的、灵活自适应的逻辑学的需求直接导致了泛逻辑的产生和发展。

2.2 泛逻辑学基本原理

泛逻辑学是研究刚性逻辑学和柔性逻辑学共同规律的一门学科，支持各种逻辑形态和各种推理模式，具有开放灵活、自适应的特点，能描述认识全过程的思维规律，能够适应认识的发生、发展、完善和应用等各个阶段。

2.2.1 泛逻辑学的研究内容

泛逻辑学以对立不充分世界的各种逻辑现象为研究对象，把已有的各种逻辑如二值逻辑、多值逻辑、连续值逻辑、模糊逻辑、模态逻辑、时态逻辑、非单调逻辑、开放逻辑和动态逻辑等视为自己的特例。具体地讲，泛逻辑学的研究内容包括抽象逻辑学的语法规则和语义解释两部分[28,56-65]。

1. 泛逻辑学的语法规则

泛逻辑学的语法规则由以下四部分组成。

(1) 泛逻辑学的论域。泛逻辑学的论域包括命题的真值域 W 和谓词的个体变域 U 两部分，命题真值域 W 是任意维的超序空间：

$$W = \{\perp\} \bigcup [0,1]^n < \alpha >, n > 0 \tag{2-6}$$

式中：$[0,1]$ 是 W 的基空间，n 是 W 的空间维数，$\perp$ 表示无定义或超出讨论范围，α 是一个有限符号串，代表逻辑的附加特性，可以是空串 ε。目前讨论的仅是 $n = 1, 2, 3, \cdots$。

一般情况下，$\alpha = \varepsilon$，$W = [0,1]^n$。$n = 1$ 时是线序泛逻辑学，如模糊逻辑和概率逻辑，$W = \{0,1\}$ 和 $W = \{0, u, 1\}$ 是它的特例二值逻辑和三值逻辑；$n = 2$ 时是二维偏序泛逻辑学，如区间逻辑和灰色逻辑，$W = \{0,1\}^2$ 是其特例四值逻辑；$n = 3$ 时是三维偏序泛逻辑学，如未确知逻辑，$W = \{0,1\}^3$ 是其特例八值逻辑；如果 $\alpha \neq \varepsilon$，表示逻辑系统有附加特性，如 $W = [0,1] < a, b, c >$ 是云逻辑，$\alpha = a, b, c$ 代表云谓词真值的分布特性。

泛逻辑学谓词的个体变域 U 可以是任意集合。在 U 上还可定义 $U^m \rightarrow U$ 的个体变元函数。

(2) 泛逻辑学的命题连接词。泛逻辑学的逻辑运算包括在命题真值域上定义的泛非、泛与、泛或、泛平均、泛组合、泛蕴涵和泛等价等，这些命题连接词运算模型都是不确定的，它们受广义自相关系数 k 和广义相关系数 h 的控制。

(3) 泛逻辑学的量词。逻辑学中量词的作用是约束命题、个体变元和谓词。在标准逻辑学中只有约束个体变元范围的全称量词∀和存在量词∃，在模糊逻辑中增加了约束个体变元指称范围的模糊量词ℱ。在泛逻辑学中，又增加了标志命题真值阈元的阈元量词♂^{k}，标志假设命题的假设量词$^{k}，约束个体变元范围的范围量词ℱ$^\alpha$，指示个体变元与特定点相对位置的位置量词♀$^\alpha$和改变谓词真值分布过渡特性的过渡量词∫$^\alpha$等。其中，$k$、$\alpha$ 表示量词的约束条件，α 的一般形式是：

$$x * c \tag{2-7}$$

式中：x 表示被约束变元，*表示约束关系，c 表示约束程度值，它刻画了量词的柔性，被称为程度柔性。

(4) 泛逻辑学的常用公式集和推理模式。由命题连接词和量词的性质可以得到常用公式集，根据常用公式集可以设计各种推理模式。泛逻辑学的推理模式包括在上述三要素基础上定义的演绎推理、归纳推理、类比推理、假设推理、发现推理、进化推理等模式，这些推理模式可以在一定条件下相互转化，被称为模式柔性。

四要素中每一个要素都有许多不同的形态，诸要素不同形态的组合就形成了不同形态的逻辑学。由于泛逻辑学中允许真值柔性、关系柔性、程度柔性和模式柔性存在，其理论框架是一个开放结构，可以描述矛盾的对立统一及矛盾的转化过程，这为辩证逻辑的数学化和符号化提供了可能性。

2. 泛逻辑学的语义解释

泛逻辑学的语义解释是给各种抽象的逻辑符号赋予具体应用领域的语义，例如：

(1) 0、1 的基本语义解释是"假"、"真"，也可是其他语义，如"低"、"高"，"小"、"大"，"负"、"正"，"生病"、"健康"，"反对"、"赞成"等。

(2) W 的基空间 $[0,1]$ 有各种变种，如 $[0,100]$、$[0,b]$、$[0,\infty]$、$[-1,1]$、$[-b,b]$、$(-\infty,\infty)$、$[a,b]$ $(b > a \geq 0)$ 等，可以通过坐标变换把 $[0,1]^n$ 中的规律变换到它的各种变种中去。

(3) 关系柔性不同，命题连接词的运算公式将不同。

(4) 程度柔性不同，量词的意义将不同。

(5) 模式柔性不同，将实现不同的推理模式，同一种推理模式将有多种语义解释。

通过语义解释后的泛逻辑学就特化为一个有很强应用针对性的某某逻辑。

2.2.2 泛逻辑学的分类

可以从以下方面对泛逻辑学进行分类。

1. 按逻辑学要素分类

可以分为只考虑命题演算问题的命题泛逻辑学和考虑命题演算和谓词演算的谓词泛逻辑学。

2. 按真值域的基空间分类

如果逻辑真值域的基空间与 $[0,1]$ 同构,是连续值泛逻辑学;如果逻辑真值域的基空间与 $\{0,1\}$ 同构,是二值泛逻辑学;如果逻辑真值域的基空间与 $\{0,u,1\}$ 同构,是三值泛逻辑学;余者类推。

3. 按真值域的有序性分类

当 $W=[0,1]$ 时是线序泛逻辑学;当 $W=[0,1]^n$ $n=2,3,\cdots$ 时是 n 维偏序泛逻辑学;当 $W=[0,1]^n<\alpha>n=1,2,3,\cdots$ 时,命题真值有附加特性,是 n 维超序泛逻辑学;当 $W=\{\perp\}\bigcup[0,1]^n$ $n=1,2,3,\cdots$ 时,命题真值中有无定义状态,也是 n 维超序泛逻辑学。

4. 按推理模式分类

可分为只有演绎推理模式的演绎逻辑学即标准泛逻辑学;包含了归纳推理的归纳逻辑学,类似的还有类比逻辑学、假设逻辑学、发现逻辑学、进化逻辑学等,它们统称为非标准泛逻辑学。

5. 按语义解释分类

可分为开关逻辑、动态逻辑、时态逻辑、模糊逻辑、概率逻辑、可信度逻辑、可能性逻辑、合理性逻辑和程度逻辑等。

2.2.3 泛逻辑学中的关系柔性

命题之间关系的连续可变性被称为关系柔性,关系柔性使得命题连接词运算模型成为连续可变的算子簇,并解决了算子簇中算子的选择问题。关系柔性主要由两种不同的因素引起,分别是广义自相关性和广义相关性。

1. 广义自相关性

造成命题之间关系柔性的第一个因素是命题真值的测量误差,测量误差可由最大可能的负误差到最大可能的正误差连续地变化,它通过影响非命题的真值计算,进而影响到所有的逻辑运算。命题和它的非命题之间的相关性被称为为广义自相关性（Generalized selfcorrelativity），用广义自相关系数（Generalized self-correlation coefficient）k 来刻画，$k \in [0,1]$。

在一级不确定性问题中，x 和 $N(x)$ 分别表示命题和非命题的真值，通常用式 2-8 来约束对 $N(x)$ 值的估算，其中 λ 是反映测量偏差大小的修正系数。

$$N(x) = (1-x)/(1+\lambda x) \tag{2-8}$$

式 2-8 即 Sugeno 算子簇，记为 $SN(x,\lambda)$。其中 λ 是 Sugeno 系数，它是算子在算子簇中的位置标志参数。其变化如图 2-1 所示：

$$SN(x,\lambda) = (1-x)/(1+\lambda x) \tag{2-9}$$

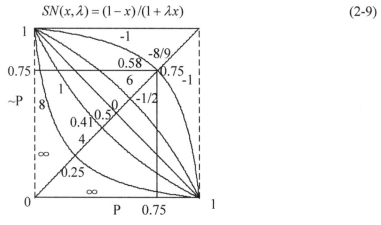

图 2-1　Sugeno 算子的物理意义

对 Sugeno 算子簇分析有以下结论：

(1)　$\lambda = 0$ 时是精确估计，$N(x) = 1-x = N_1$，一级不确定性问题退化为零级不确定性问题；

(2)　$\lambda < 0$ 时是正偏差估计，带有一定的冒险性质；

(3)　$\lambda \to -1$ 时，$SN(x,\lambda)$ 的极限是 $N(x) = (1-x)/(1-x) = N_3$，表示只承认绝对真的否定是绝对假，其他情况下的否定都是绝对真，是一种最冒险的估计；

(4)　$\lambda = -8/9$ 时，$N(x) = (1-x)/(1-8x/9) = N_2$，是一种中度冒险的估计；

(5)　$\lambda > 0$ 时是负偏差估计，带有一定的保险性质；

(6)　$\lambda \to \infty$ 时，$SN(x,\lambda)$ 的极限是 $N(x) = (1-x)/(1+\lambda x) = N_0$，表示只承认绝对假的否定是绝对真，其他情况下的否定都是绝对假，是一种最保险的估计；

(7)　$\lambda = 8$ 时，$N(x) = (1-x)/(1+8x) = N_{0.5}$，是一种中度保险的估计；

(8)　Sugeno 算子的变化曲线和坐标平面主对角线交点的坐标值 k 是非算子的不动点，$SN(x,\lambda) = k$，$k \in [0,1]$，k 和 λ 的关系是：

$$\lambda = (1-2k)/k^2 \tag{2-10}$$

作为算子的又一个位置标志参数，k 的逻辑意义是对命题进行否定时的风险程度：

(1) $k \to 1$ 是逻辑上的最大可能否定，对应于最冒险的估计 N_3；

(2) $k = 0.75$ 是逻辑上的偏大否定，对应于中度冒险估计 N_2；

(3) $k = 0.5$ 是逻辑上的适度否定，对应于精确估计 N_1；

(4) $k = 0.25$ 是逻辑上的偏小否定，对应于中度保险估计 $N_{0.5}$；

(5) $k \to 0$ 是逻辑上的最小可能否定，对应于最保险的估计 N_0。

2. 广义相关性

引起命题之间关系柔性的另一个因素是命题和命题之间的关联性，被称为广义相关性（Generalized correlativity），可由最大相关到最小相关连续地变化，用广义相关系数（Generalized correlation coefficient）h 刻画，$h \in [0,1]$。

广义相关性来自中国古典哲学中的相生关系和相克关系，相生关系是包容和共生关系的抽象，相克关系是各种相互抑制关系的抽象，相生关系和相克关系不是完全独立的，以下是 h 在从相生连续过渡到相克时的几个特殊点：

(1) $h = 1$ 表示最大相吸状态，命题之间的吸引力最大，排斥力最小；

(2) $h = 0.75$ 表示独立相关状态，命题之间的吸引力和排斥力相等；

(3) $h = 0.5$ 表示最大相斥状态，是相生关系和相克关系的分界线，从相生关系看其中的吸引力最小、排斥力最大；从相克关系看其中的杀伤力最小，生存力最大；

(4) $h = 0.25$ 表示僵持状态，杀伤力和生存力相等；

(5) $h = 0$ 表示最大相克状态，命题之间的杀伤力最大，生存力最小。

2.3 泛逻辑学中的命题连接词

本节中 e 指表示弃权的幺元，$e \in [0,1]$，m、n，h、k 满足下式：

$$m = (3 - 4h)/(4h(1-h)), n = -1/\log_2 k, h, k \in [0,1] \qquad (2\text{-}11)$$

$\Gamma^e[x]$ 为限幅函数，定义如下：

$$\Gamma^e[x] = ite\{e \mid x > e; 0 \mid x < 0; x\} \qquad (2\text{-}12)$$

2.3.1 泛非命题连接词运算模型

泛非命题连接词运算模型满足映射 N：$[0,1] \to [0,1]$，记为 $\sim_k$，其生成基是中心非算子，$N(x) = 1 - x$。

当采用多项式模型的 N 性生成元完整簇时，泛非命题连接词为：

$$N(x,k) = (1-x)/(1+\lambda x), \ \lambda = (1-2k)/k^2 \tag{2-13}$$

当采用指数模型的 N 性生成元完整簇时，泛非命题连接词为：

$$N(x,k) = (1-x^n)^{1/n}, \ n = -1/\log_2 k \tag{2-14}$$

2.3.2　泛与命题连接词运算模型

1.　零级泛与命题连接词运算模型

零级泛与命题连接词运算模型满足映射 $T : [0,1] \times [0,1] \rightarrow [0,1]$，

$$T(x,y,h) = (\max(0, x^m + y^m - 1))^{1/m} \tag{2-15}$$

它用符号 $\wedge_h$ 表示，其四个特殊算子是：

最大与（Zadeh 与算子）　　$T(x,y,1) = \mathbf{T_3} = \min(x,y)$

中极与（概率与算子）　　$T(x,y,0.75) = \mathbf{T_2} = xy$

中心与（有界与算子）　　$T(x,y,0.5) = \mathbf{T_1} = \max(0, x+y-1)$

最小与（突变与算子）　　$T(x,y,0) = \mathbf{T_0} = ite\{\min(x,y) \,|\, \max(x,y) = 1; 0\}$

2.　一级泛与命题连接词运算模型

一级泛与命题连接词运算模型满足映射 $T : [0,1] \times [0,1] \rightarrow [0,1]$，

$$T(x,y,h,k) = (\max(0, x^{mn} + y^{mn} - 1))^{1/(mn)} \tag{2-16}$$

它用符号 $\wedge_{h,k}$ 表示。其中极限簇是：$T(x,y,0.75,k) = xy = \mathbf{T_2}$。

2.3.3　泛或命题连接词运算模型

1.　零级泛或命题连接词运算模型

零级泛或命题连接词运算模型满足映射 $S : [0,1] \times [0,1] \rightarrow [0,1]$，

$$S(x,y,h) = 1 - (\max(0, (1-x)^m + (1-y)^m - 1))^{1/m} \tag{2-17}$$

它用符号 $\vee_h$ 表示。其四个特殊算子是：

最小或（Zadeh 或算子）　　$S(x,y,1) = \mathbf{S_3} = \max(x,y)$

中极或（概率或算子）　　$S(x,y,0.75) = \mathbf{S_2} = x + y - xy$

中心或（有界或算子）　　$S(x,y,0.5) = \mathbf{S_1} = \min(1, x+y)$

最大或（突变或算子）　　$S(x,y,0) = \mathbf{S_0} = ite\{\max(x,y) \,|\, \min(x,y) = 0; 1\}$

2.　一级泛或命题连接词运算模型

一级泛或命题连接词运算模型满足映射 $S : [0,1] \times [0,1] \rightarrow [0,1]$，

$$S(x,y,h,k) = (1 - (\max(0,(1-x^n)^m + (1-y^n)^m - 1))^{1/m})^{1/n} \tag{2-18}$$

它用符号 $\vee_{h,k}$ 表示。其中极限簇是：$S(x,y,0.75,k) = (x^n + y^n - x^n y^n)^{1/n}$。

2.3.4 泛蕴含命题连接词运算模型

1. 零级泛蕴含命题连接词运算模型

零级泛蕴含命题连接词运算模型满足映射 $I:[0,1] \times [0,1] \rightarrow [0,1]$，

$$I(x,y,h) = (\min(1, 1 - x^m + y^m))^{1/m} \tag{2-19}$$

它用符号 $\rightarrow_h$ 表示。其四个特殊算子是：

最小蕴涵（Zadeh 蕴涵）　　$I(x,y,1) = \mathbf{I_3} = ite\{1 \mid x \leqslant y; y\}$

中极蕴涵（概率蕴涵）　　$I(x,y,0.75) = \mathbf{I_2} = \min(1, y/x)$

中心蕴涵（有界蕴涵）　　$I(x,y,0.5) = \mathbf{I_1} = \min(1, 1 - x + y)$

最大蕴涵（突变蕴涵）　　$I(x,y,1) = \mathbf{I_0} = ite\{y \mid x = 1; 1\}$

2. 一级泛蕴含命题连接词运算模型

一级泛蕴含命题连接词运算模型满足映射 $I:[0,1] \times [0,1] \rightarrow [0,1]$，

$$I(x,y,h,k) = (\min(1, 1 - x^{mn} + y^{mn}))^{1/(mn)} \tag{2-20}$$

它用符号 $\rightarrow_{h,k}$ 表示。其中极限是：$I(x,y,0.75,k) = \mathbf{I_2} = \min(1, y/x)$。

2.3.5 泛等价命题连接词运算模型

1. 零级泛等价命题连接词运算模型

零级泛等价命题连接词运算模型满足映射 $Q:[0,1] \times [0,1] \rightarrow [0,1]$，

$$Q(x,y,h) = (1 \pm |x^m - y^m|)^{1/m} \quad (h > 0.75为+, 否则为-) \tag{2-21}$$

它用符号 $\leftrightarrow_h$ 表示，其四个特殊算子是：

最小等价（Zadeh 等价）　　$Q(x,y,1) - \mathbf{Q_3} = ite\{1 \mid x = y; \min(x,y)\}$

中极等价（概率等价）　　$Q(x,y,0.75) = \mathbf{Q_2} = \min(x/y, y/x)$

中心等价（有界等价）　　$Q(x,y,0.5) = \mathbf{Q_1} = 1 - |x - y|$

最大等价（突变等价）　　$Q(x,y,0) = \mathbf{Q_0} = ite\{x \mid y = 1; y \mid x = 1; 1\}$

2. 一级泛等价命题连接词运算模型

一级泛等价命题连接词运算模型满足映射 $Q:[0,1] \times [0,1] \rightarrow [0,1]$，

$$Q(x,y,h,k) = (1 \pm |x^{mn} - y^{mn}|)^{1/(mn)} \quad (h > 0.75为+, 否则为-) \tag{2-22}$$

它用符号 $\leftrightarrow_{h,k}$ 表示。其中极限是： $Q(x,y,0.75,k) = \mathbf{Q_2} = \min(x/y, y/x)$ 。

2.3.6 泛平均命题连接词运算模型

1. 零级泛平均命题连接词运算模型

零级泛平均命题连接词运算模型满足映射 $M:[0,1]\times[0,1]\to[0,1]$ ，

$$M(x,y,h) = 1 - (((1-x)^m + (1-y)^m)/2)^{1/m} \tag{2-23}$$

它用符号 $\textcircled{P}_h$ 表示，其四个特殊算子是：

最小平均（Zadeh 平均） $\quad M(x,y,1) = \mathbf{M_3} = \max(x,y) = \mathbf{S_3}$

中极平均（概率平均） $\quad M(x,y,0.75) = \mathbf{M_2} = 1 - ((1-x)(1-y))^{1/2}$

中心平均（有界平均） $\quad M(x,y,0.5) = \mathbf{M_1} = (x+y)/2$

最大平均（突变平均） $\quad M(x,y,0) = \mathbf{M_0} = \min(x,y) = \mathbf{T_3}$

2. 一级泛平均命题连接词运算模型

一级泛平均命题连接词运算模型满足映射 $M:[0,1]\times[0,1]\to[0,1]$ ，

$$M(x,y,h,k) = (1 - (((1-x^n)^m + (1-y^n)^m)/2)^{1/m})^{1/n} \tag{2-24}$$

它用符号 $\textcircled{P}_{h,k}$ 表示。其中极限簇是： $M(x,y,0.75,k) = (1 - ((1-x^n)(1-y^n))^{1/2})^{1/n}$

2.3.7 泛组合命题连接词运算模型

1. 零级泛组合命题连接词运算模型

零级泛组合命题连接词运算模型满足映射 $C^e:[0,1]\times[0,1]\to[0,1]$ ，

$$\begin{aligned}
C^e(x,y,h) = ite\{&\Gamma^e[(x^m + y^m - e^m)^{1/m}] \mid x+y < 2e; \\
&1 - (\Gamma^{1-e}[(1-x)^m + (1-y)^m - (1-e)^m])^{1/m} \mid x+y > 2e; e\}
\end{aligned} \tag{2-25}$$

它用符号 $\textcircled{C}^e_h$ 表示，其四个特殊算子是：

上限组合（Zadeh组合） $C^e(x,y,1) = \mathbf{C^e_3} = ite\{\min(x,y) \mid x+y < 2e; \max(x,y) \mid x+y > 2e; e\}$

中极组合（概率组合）

$C^e(x,y,0.75) = \mathbf{C^e_2} = ite\{xy/e \mid x+y < 2e; (x+y-xy-e)/(1-e) \mid x+y > 2e; e\}$

中心组合（有界组合） $\quad C^e(x,y,0.5) = \mathbf{C^e_1} = \Gamma^1[x+y-e]$

下限组合（突变组合） $\quad C^e(x,y,0) = \mathbf{C^e_0} = ite\{0 \mid x,y < e; 1 \mid x,y > e; e\}$

2. 一级泛组合命题连接词运算模型

一级泛组合命题连接词运算模型满足映射 $C^e:[0,1]\times[0,1]\to[0,1]$，

$$C^e(x,y,h,k) = ite\{\Gamma^e[(x^{mn}+y^{mn}-e^{mn})^{1/(mn)}] \mid x+y < 2e;$$
$$(1-(\Gamma^{(1-e)^n}[(1-x)^m+(1-y)^m-(1-e)^m])^{1/m})^{1/n} \mid x+y > 2e;e\} \tag{2-26}$$

它用符号 $©^e_{h,k}$ 表示。其中极限簇是：

$$C^e(x,y,0.75,k) = ite\{xy/e \mid x+y < 2e;(1-(1-x)^n(1-y)^n/(1-e)^n)^{1/n} \mid x+y > 2e;e\}$$

2.4 泛组合运算模型分析

泛组合运算模型是一类重要的二元泛命题连接词，在实际工程中有很好的应用前景，鉴于其综合决策的能力，本书提出了基于泛组合运算模型的泛逻辑智能控制方法，本小节将对泛组合运算模型详细分析。

2.4.1 泛组合运算的性质

根据泛组合运算 $C^e(x,y,h,k)$ 的定义，可以证明它满足以下性质：

(1) 边界条件 C1：

当 $x,y < e$ 时，$C^e(x,y,h,k) \leqslant \min(x,y)$

当 $x,y > e$ 时，$C^e(x,y,h,k) \geqslant \max(x,y)$；

当 $x+y = 2e$ 时，$C^e(x,y,h,k) = e$；

否则，$\min(x,y) \leqslant C^e(x,y,h,k) \leqslant \max(x,y)$。

(2) 单调性 C2：$C^e(x,y,h,k)$ 关于 x,y 单调递增。

(3) 连续性 C3：$h,k \in (0,1)$ 时，$C^e(x,y,h,k)$ 关于 x,y 连续。

(4) 交换律 C4：$C^e(x,y,h,k) = C^e(y,x,h,k)$。

(5) 幺元律 C5：$C^e(x,e,h,k) = x$。

(6) 封闭性：$C^e(x,y,h,k) \in [0,1]$。

(7) 逆元律：$C^e(x,x',h,k) = e$，$x' = 2e - x$。

(8) 弃权律 $C^e(e,e,h,k) = e$。

泛组合运算模型有 e、h、k 三个形参，变化图十分复杂，在后续部分有相关模型的三维图表示。

2.4.2　[0,1]区间上的零级泛组合运算模型

根据公式 2-25，$h=0$、$h=0.25$、$h=0.5$、$h=0.75$ 和 $h=1$ 时的零级泛组合运算模型的三维变化图如图 2-2 所示，其中，$e=0.5$。

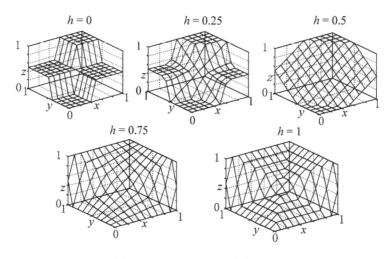

图 2-2　零级泛组合运算模型三维图

2.4.3　任意区间[a,b]上的零级泛组合运算模型

式 2-25 所示的零级泛组合运算模型是定义在单位区间[0,1]上的，而在实际应用中，系统变量常常在某个区间 $[a,b]$ 上变化，变量在单位区间和 $[a,b]$ 区间之间的转换往往会带来误差。因此，已经有人提出了任意区间 $[a,b]$ 上的零级泛组合运算模型[66,67]。

任意区间 $[a,b]$ 上的零级泛组合运算模型满足映射，$GC^{\tilde{e}}:[a,b]\times[a,b]\rightarrow[a,b]$

$$GC^{\tilde{e}}(x,y,h)=ite\{\min(\tilde{e},(b-a)[\max(0,((x-a)^m+(y-a)^m-(\tilde{e}-a)^m)/(b-a)^m)]^{1/m}$$
$$+a)\,|\,x+y<2\tilde{e};b+a-\min(\tilde{e}',(b-a)[\max(0,((b-x)^m+(b-y)^m-(b-\tilde{e})^m)/(b-a)^m)]^{1/m}$$
$$+a)\,|\,x+y>2\tilde{e};\tilde{e}\}$$

$$(2\text{-}27)$$

其中，$m=(3-4h)/(4h(1-h)),h\in[0,1]$，$\tilde{e},\tilde{e}'\in[a,b]$，$\tilde{e}'=GN(\tilde{e})$。$GN$ 为 $[a,b]$ 上的零级泛非运算，$GN(x)=b+a-x$。

根据式 2-27，取 $h=0$、$h=0.25$、$h=0.5$、$h=0.75$ 和 $h=1$，区间[-5,5]上的零级泛组合运算模型的三维变化图如图 2-3 所示，其中，表示弃权的幺元取 $e=0.5$。

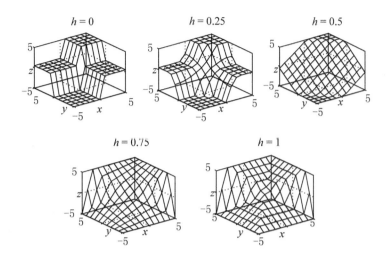

图 2-3 [-5,5]上的零级泛组合运算模型三维图

同理，根据式 2-27，取 $h=0$、$h=0.25$、$h=0.5$、$h=0.75$ 和 $h=1$，区间 $[-10,10]$ 上的零级泛组合运算模型的三维变化图如图 2-4 所示，其中，表示弃权的幺元取为 $e=0.5$。

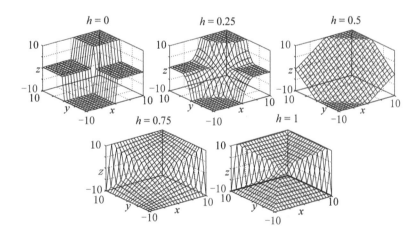

图 2-4 [-10,10]上的零级泛组合运算模型三维图

同理，根据式 2-27，取 $h=0$、$h=0.25$、$h=0.5$、$h=0.75$ 和 $h=1$，不对称的区间 $[0,10]$ 上的零级泛组合运算模型的三维变化图如图 2-5 所示，其中，表示弃权的幺元取为 $e=0.5$。

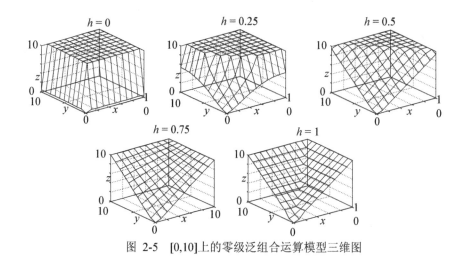

图 2-5　[0,10]上的零级泛组合运算模型三维图

2.4.4　不等权的零级泛组合运算模型

以上的泛组合运算模型都没有考虑到模型自变量重要程度的不同，因此，下文设计和分析了几种加权形式的零级泛组合运算模型。

1.　[0,1]区间上的指数加权零级泛组合运算模型

根据指数函数的性质，当 $x \in [0,1]$ 且 $\alpha > 0$ 时，$x^\alpha \in [0,1]$。因此，令指数加权算子如式 2-28，其中 α 为变量 x 的权值。

$$V_1(\alpha, x) = x^\alpha, \alpha > 0 \tag{2-28}$$

基于式 2-28，对泛组合运算模型的输入变量 (x, y) 指数加权，加权因子分别为 α 和 β，得到 (x', y')：

$$(x', y') = (V_1(\alpha, x), V_1(\beta, y)) = (x^\alpha, y^\beta) \tag{2-29}$$

故，[0,1]区间上的加权因子为 α 和 β 的指数加权零级泛组合运算模型 CV_1^e 为：

$$CV_1^e(x, y, h, \alpha, \beta) = C^e(x', y', h) = C^e(x^\alpha, y^\beta, h) \tag{2-30}$$

分别取 $h = 0$、$h = 0.25$、$h = 0.5$、$h = 0.75$ 和 $h = 1$，得到[0,1]区间上的指数加权零级泛组合运算模型的三维变化图，如图 2-6 所示，其中 $\alpha = 3$，$\beta = 1/3$，表示弃权的幺元取为 $e = 0.5$。

分别取 $h = 0$、$h = 0.25$、$h = 0.5$、$h = 0.75$ 和 $h = 1$，得到[0,1]区间上的指数加权零级泛组合运算模型的三维变化图，如图 2-7 所示，其中 $\alpha = 1/3$，$\beta = 3$，表示弃权的幺元取为 $e = 0.5$。

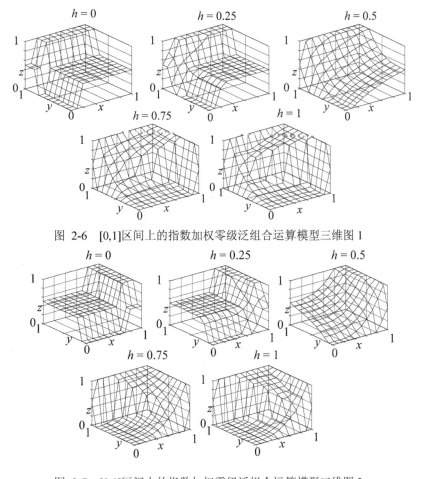

图 2-6 [0,1]区间上的指数加权零级泛组合运算模型三维图 1

图 2-7 [0,1]区间上的指数加权零级泛组合运算模型三维图 2

同理，分别取 $h=0$ 、 $h=0.25$ 、 $h=0.5$ 、 $h=0.75$ 和 $h=1$ ，得到[0,1]区间上的指数加权零级泛组合运算模型的三维变化图，如图 2-8 所示，其中 $\alpha=3$ ， $\beta=1/3$ ，表示弃权的幺元取为 $e=2/3$ 。

同理，分别取 $h=0$ 、 $h=0.25$ 、 $h=0.5$ 、 $h=0.75$ 和 $h=1$ ，得到[0,1]区间上的指数加权零级泛组合运算模型的三维变化图，如图 2-9 所示，其中 $\alpha=3$ ， $\beta=1/3$ ，表示弃权的幺元取为 $e=2/3$ 。

2. **[0,1]区间上的线性加权零级泛组合运算模型**

根据线性函数的性质，当 $x\in[0,1]$ 且 $\alpha\in[0,1]$ 时， $\alpha x\in[0,1]$ 。因此，令线性加权算子如式 2-31，其中 α 为变量 x 的权值：

$$V_2(\alpha,x)=\alpha x,\alpha\in[0,1] \tag{2-31}$$

基于式 2-31，对泛组合运算模型的输入变量 (x,y) 线性加权，加权因子分别为 α 和 β ，

得到 (x', y')：

$$(x', y') = (V_2(\alpha, x), V_2(\beta, y)) = (\alpha x, \beta y) \tag{2-32}$$

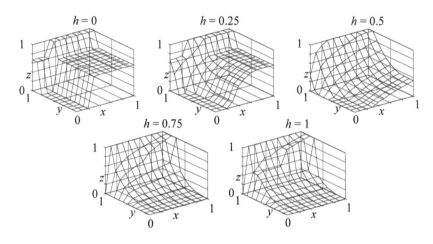

图 2-8　[0,1]区间上的指数加权零级泛组合运算模型三维图 3

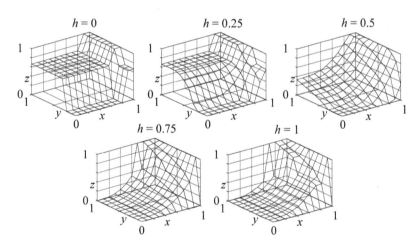

图 2-9　[0,1]区间上的指数加权零级泛组合运算模型三维图 4

故，[0,1]区间上的加权因子为 α 和 β 的线性加权零级泛组合运算模型 CV_2^e 为：

$$CV_2^e(x, y, h, \alpha, \beta) = C^e(x', y', h) = C^e(\alpha x, \beta y, h) \tag{2-33}$$

分别取 $h = 0$、$h = 0.25$、$h = 0.5$、$h = 0.75$ 和 $h = 1$，得到[0,1]区间上的线性加权零级泛组合运算模型的三维变化图，如图 2-10 所示，其中 $\alpha = 0.6$，$\beta = 0.4$，表示弃权的幺元

取为 $e = 0.25$。

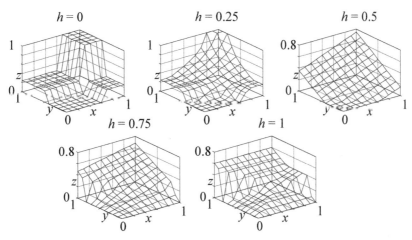

图 2-10 [0,1]区间上的线性加权零级泛组合运算模型三维图 1

分别取 $h = 0$、$h = 0.25$、$h = 0.5$、$h = 0.75$ 和 $h = 1$，得到[0,1]区间上的线性加权零级泛组合运算模型的三维变化图，如图 2-11 所示，其中 $\alpha = 0.6$，$\beta = 0.4$，表示弃权的幺元取为 $e = 0.5$。

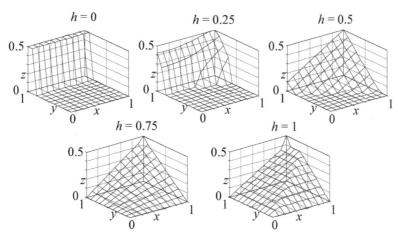

图 2-11 [0,1]区间上的线性加权零级泛组合运算模型三维图 2

同理，分别取 $h = 0$、$h = 0.25$、$h = 0.5$、$h = 0.75$ 和 $h = 1$，得到[0,1]区间上的线性加权零级泛组合运算模型的三维变化图，如图 2-12 所示，其中 $\alpha = 0.7$，$\beta = 0.3$，表示弃权的幺元取为 $e = 0.25$。

同理，分别取 $h = 0$、$h = 0.25$、$h = 0.5$、$h = 0.75$ 和 $h = 1$，得到[0,1]区间上的线性加权零级泛组合运算模型的三维变化图，如图 2-13 所示，其中 $\alpha = 0.7$，$\beta = 0.3$，表示弃权

的幺元取为 $e = 0.5$ 。

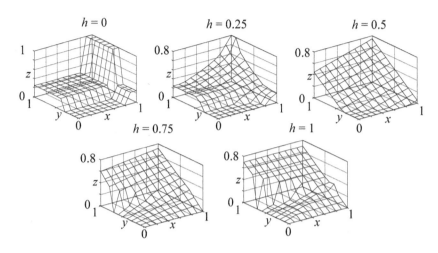

图 2-12 [0,1]区间上的线性加权零级泛组合运算模型三维图 3

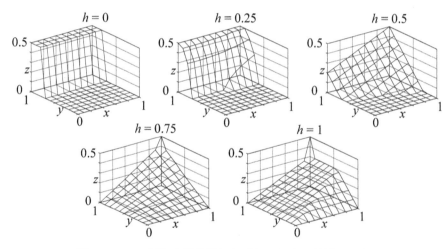

图 2-13 [0,1]区间上的线性加权零级泛组合运算模型三维图 4

由以上分析可知，[0,1]区间上的指数加权和线性加权形式的零级泛组合运算模型都能满足工程应用的需要。虽然指数加权形式的泛组合运算模型在极限情况下的数学性质比较好，但线性加权形式的泛组合运算模型计算量较小，而且在向[a,b]区间扩展时模型推导更简单。因此，后文用到的[a,b]区间的加权形式的零级泛组合运算模型普遍采用线性加权的形式。

3. 任意区间[a,b]上的线性加权零级泛组合运算模型

根据式 2-27、式 2-31 和式 2-32，任意区间$[a,b]$上的加权因子为α和β的线性加权零

级泛组合运算模型为:

$$GCV^{\tilde{e}}(x,y,h,\alpha,\beta) = GC^{\tilde{e}}(x',y',h) = GC^{\tilde{e}}(\alpha x,\beta y,h) \tag{2-34}$$

分别取 $h=0$ 、 $h=0.25$ 、 $h=0.5$ 、 $h=0.75$ 和 $h=1$,得到区间 $[-5,5]$ 上的线性加权零级泛组合运算模型的三维变化图,如图 2-14 所示,其中 $\alpha=0.6$, $\beta=0.4$,表示弃权的幺元取为 $e=0.25$ 。

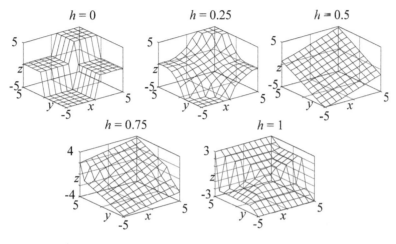

图 2-14 $[-5,5]$上的线性加权零级泛组合运算模型三维图 1

分别取 $h=0$ 、 $h=0.25$ 、 $h=0.5$ 、 $h=0.75$ 和 $h=1$,得到区间 $[-5,5]$ 上的线性加权零级泛组合运算模型的三维变化图,如图 2-15 所示,其中 $\alpha=0.6$, $\beta=0.4$,表示弃权的幺元取为 $e=0.5$ 。

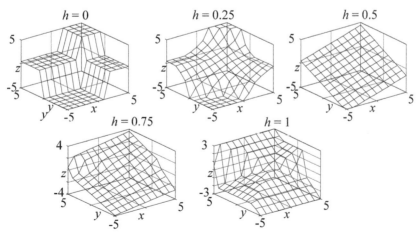

图 2-15 $[-5,5]$上的线性加权零级泛组合运算模型三维图 2

分别取 $h=0$ 、 $h=0.25$ 、 $h=0.5$ 、 $h=0.75$ 和 $h=1$,得到区间 $[-5,5]$ 上的线性加权零

级泛组合运算模型的三维变化图，如图 2-16 所示，其中 $\alpha = 0.6$，$\beta = 0.4$，表示弃权的幺元取为 $e = 2/3$。

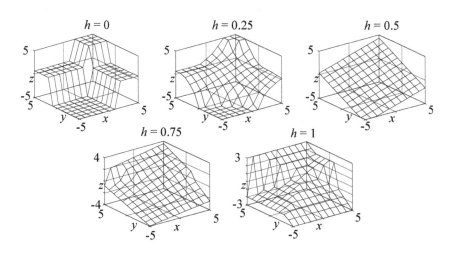

图 2-16 [-5,5]上的线性加权零级泛组合运算模型三维图 3

分别取 $h = 0$、$h = 0.25$、$h = 0.5$、$h = 0.75$ 和 $h = 1$，得到区间 [-5,5] 上的线性加权零级泛组合运算模型的三维变化图，如图 2-17 所示，其中 $\alpha = 0.3$，$\beta = 0.7$，表示弃权的幺元取为 $e = 0.25$。

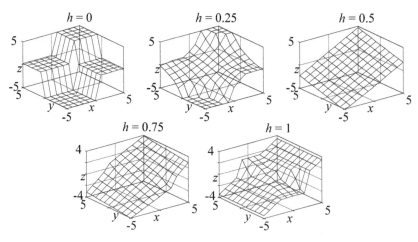

图 2-17 [-5,5]上的线性加权零级泛组合运算模型三维图 4

分别取 $h = 0$、$h = 0.25$、$h = 0.5$、$h = 0.75$ 和 $h = 1$，得到区间 [-5,5] 上的线性加权零级泛组合运算模型的三维变化图，如图 2-18 所示，其中 $\alpha = 0.3$，$\beta = 0.7$，表示弃权的幺元取为 $e = 0.5$。

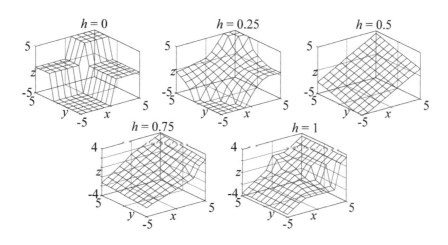

图 2-18 [−5,5]上的线性加权零级泛组合运算模型三维图 5

分别取 $h = 0$、$h = 0.25$、$h = 0.5$、$h = 0.75$ 和 $h = 1$，得到区间[−5,5]上的线性加权零级泛组合运算模型的三维变化图，如图 2-19 所示，其中 $\alpha = 0.3$，$\beta = 0.7$，表示弃权的幺元取为 $e = 2/3$。

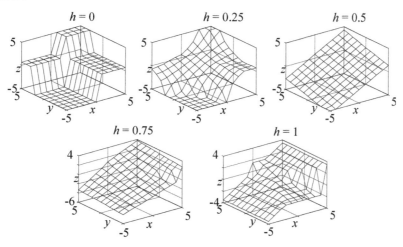

图 2-19 [−5,5]上的线性加权零级泛组合运算模型三维图 6

2.5 本章小结

现有的现代逻辑一般都是根据常识的某个单一特性进行研究，没有考虑到常识的不同特性的统一表示和相互转化问题；而且，常识推理是信息不完全情况下的不精确推理，但目前不精确推理还停留在经验阶段，没有可靠的理论基础，致使常识推理不得不建立在经典逻辑的基础上，而经典逻辑早已被证明不能满足不精确推理的需要。

泛逻辑学以对立不充分世界的各种逻辑现象为研究对象，把已有的各种逻辑如二值逻辑、多值逻辑、连续值逻辑、模糊逻辑、模态逻辑、时态逻辑、非单调逻辑、开放逻辑和动态逻辑等视为自己的特例。泛逻辑学是研究刚性逻辑学和柔性逻辑学共同规律的一门学科，支持各种逻辑形态和各种推理模式，具有开放灵活、自适应的特点，能描述认识全过程的思维规律，能够适应认识的发生、发展、完善和应用等各个阶段。

本章介绍了泛逻辑学产生的背景、泛逻辑学的基本概念和主要的泛逻辑命题连接词。鉴于泛组合运算模型在后文提出的泛逻辑智能控制器中的核心作用，着重分析了零级泛组合运算模型的性质和物理意义。同时，为了满足实际工程应用的需要，在[0,1]区间的泛组合运算模型中引入加权算子，实现了指数加权和线性加权形式的零级泛组合运算模型。由于线性加权形式的零级泛组合运算模型计算量较小，更易于向 $[a,b]$ 区间扩展，因此在 $[a,b]$ 区间的零级泛组合运算模型中引入线性加权算子，用于后文中泛逻辑智能控制模型的设计。

第3章 智能控制模型 ICM-LG 及其应用

线性二次型最优调节器（Linear Quadratic Regulator，LQR）和拟人智能控制器的输出具有类似的解析表达式。然而，LQR 必须依赖系统模型的精确性；拟人智能控制器除了存在控制参数初步确定的问题之外，控制规律的总结也会随着系统复杂程度的提高难度逐渐增大。

本章提出一种融合了 LQR 和遗传算法（Genetic Algorithm，GA）的智能控制模型（Intelligent Control Model integrated with LQR and GA，ICM-LG），该方法不依赖系统模型的精确性，无需细致分析被控系统的物理本质和控制规律，控制过程更能反映各控制子目标优先级的不同，以及对控制快速性、稳定性要求侧重点的不同。

3.1 线性二次型最优调节器

通过对传统控制和智能控制理论的研究发现，有两种控制量解析表达式类似的控制模型，即线性二次型最优调节器和拟人智能控制器。其中，线性二次型最优调节原理基于系统的精确数学模型，控制量表达式是各状态变量的线性函数。拟人智能控制模仿人解决问题的思路，其控制输出的决策基于对各状态变量的观察和控制经验，为了提高控制效果，虽然有时会对控制量解析表达式做某种形式的变换，但其原型仍然是各状态变量的线性函数。本小节和下一小节将对这两种控制模型进行简要分析和介绍。

3.1.1 线性二次型最优调节原理

线性二次型控制理论是一种理论上比较成熟和应用较广的最优控制理论，它为多变量反馈系统的设计提供了一种有效的分析方法，可适用于时变系统，也可以处理扰动信号和测量噪声问题等等[68-73]。

最优控制属于最优化的范畴，目的在于使一个机组、一台设备、或一个生产过程实现局部最优。最优控制系统的应用始于 20 世纪 50 年代最速电机拖动系统的设计，20 世纪 60 年代又在航天器轨道控制和软着陆等航天控制应用中获得巨大成功，对自动控制技术的发展起了重大推动作用。理论上比较成熟和应用较广的最优控制系统有线性二次型最优调节和跟踪系统、最速控制系统和最省燃料控制系统等。

线性二次型最优调节器的原理如下。

考虑线性时变被控系统的状态方程和输出方程如式 3-1 和式 3-2 所示。

$$\dot{X}(t) = A(t)X(t) + B(t)u(t) \tag{3-1}$$

$$Y(t) = C(t)X(t) \tag{3-2}$$

式中：$X(t)$ 是 n 维状态变量，$\dot{X}(t)$ 是状态变量的一阶导数，$u(t)$ 是 m 维控制变量，$Y(t)$ 是 l 维输出变量，$A(t)$ 是 $n \times n$ 维时变矩阵，$B(t)$ 是 $n \times m$ 维时变矩阵、$C(t)$ 是 $l \times n$ 维时变矩阵。

假设 $1 \leqslant l \leqslant m \leqslant n$，$u(t)$ 不受约束。若 $Y_r(t)$ 表示预期输出变量，则有误差向量：

$$e(t) = Y_r(t) - Y(t) \tag{3-3}$$

线性二次型最优控制问题即选择最优控制 $u^*(t)$，使下面的二次型性能指标最小。

$$J = \frac{1}{2}e^T(t_f)Se(t_f) + \frac{1}{2}\int_{t_0}^{t_f}[e^T(t)Q(t)e(t) + u^T(t)R(t)u(t)]\mathrm{d}t \tag{3-4}$$

式中：S 是 $l \times l$ 维对称常数矩阵，$Q(t)$ 是 $l \times l$ 维半正定对称时变矩阵，$R(t)$ 是 $m \times m$ 维正定对称时变矩阵，终端时间 t_f 固定，终端状态 $X(t_f)$ 自由。

式 3-4 中的第一部分 $\frac{1}{2}e^T(t_f)Se(t_f)$ 称为终端代价，用来限制终端误差 $e(t_f)$，以保证终端状态 $x(t_f)$ 具有适当的准确性。第二部分 $\frac{1}{2}\int_{t_0}^{t_f}e^T(t)Q(t)e(t)\mathrm{d}t$ 称为过程代价，用来限制控制过程的误差 $e(t)$，以保证系统响应具有适当的快速性。第三部分 $\frac{1}{2}\int_{t_0}^{t_f}u^T(t)R(t)u(t)\mathrm{d}t$ 称为控制代价，用来限制控制 $u(t)$ 的幅值及平滑性，以保证系统的安全运行，同时限制控制过程的能源消耗，保证系统具有适当的节能性。

在线性二次型最优调节原理中，关于性能指标有以下几点需要说明：

(1) 二次型性能指标是一种综合型性能指标。它可以兼顾终端状态的准确性、系统响应的快速性、系统运行的安全性及节能性等方面。线性二次型最优控制问题的实质是用不大的控制能量来保持较小的输出误差，以达到控制能量和误差综合最优的目的。

(2) 在这些不同目标之间，往往存在着一定的矛盾。例如，为尽快消除误差并提高终端准确性，需要较强的控制作用及较大的能量消耗；而抑制控制作用的幅值和降低能耗，必然会影响系统的快速性和终端的准确性。系统设计时，必须根据情况对这些相互冲突的因素进行合理折中。

(3) 性能指标由三项组成，若各项符号不同，将发生相互抵消的现象。这样尽管各项单独的数值较大，但 J 的数值可能很小，故性能指标无法反映各项指标的优劣。为防止出现这种情况，应保证在各种实际运行情况下，无论控制量如何选择，性能指标中各项的数值始终具有相同的符号。又因是以极小值作为最优标准，结合问题的物理性质，各项符号均取正值。

(4) 控制时间的起点 t_0 及终端时间 t_f，可能是由实际问题决定的客观参数，也可能是由设计者决定的主观参数，此时必须把希望达到的目标和 t_0、t_f 的选择联系起来。

关于加权矩阵，也有几点需要说明：

(1) 加权矩阵中各元素之间的数值比例关系直接影响系统的工作品质。例如，提高 S 阵中某一元素的比重，说明更重视与该元素对应的状态分量的终端准确性；提高 $Q(t)$ 阵中某一元素的比重，说明希望与之对应的状态分量具有较好的快速响应特性；而提高 $R(t)$ 阵中某一元素的比重，意味着需要更有效地抑制与之相应的控制分量的幅值及由它引起的能量消耗。这只是大致趋势，实际情况十分复杂。

(2) 将 S 取为半正定，以便保证终端代价的非负性，但容许在 $e(t_f)$ 不为零时的终端代价为零，这相当于不考虑与之相应的终端误差。出于同样理由，$Q(t)$ 亦取半正定，但 $R(t)$ 必须取正定，这是因为控制代价实际上可以反映控制过程的能量消耗，而 $u^T(t)R(t)u(t)$ 则反映各瞬间的控制功率，只要 $u(t)$ 不为零，控制功率就不应等于零。

(3) 由于终端代价只表示终端时刻 t_f 时的性能，因此，S 应为常数阵。至于 $Q(t)$ 及 $R(t)$，可能取为常数阵，也可能取为时变阵。后者是为了适应控制过程的特殊需要。例如，在控制过程初期出现的较大误差，并非系统品质不佳所致，而是由系统的初始条件引起的，因此，不必过分重视这种误差，以免引起控制作用 $u(t)$ 不必要的过大冲击。但控制过程后期的误差直接与控制效果相关，必须给予足够的重视，只有把 $Q(t)$ 及 $R(t)$ 取为时变阵，才能适应控制过程的这类时变需求。有时，为了防止模型是时变的，也需要 $Q(t)$ 及 $R(t)$ 具有时变性质。

对控制作用 $u(t)$ 和终端状态 $X(t_f)$ 有以下说明：

(1) 在线性二次型问题的定义中，并没有对控制作用 $u(t)$ 直接约束，但实际上，用适当选择 $Q(t)$ 及 $R(t)$ 数值比例的方法，可以把 $u(t)$ 的幅值限制在某个范围之内，从而在保持闭环系统线性性质的前提下，实现对 $u(t)$ 的约束。

(2) 在线性二次型问题的定义中，也没有直接提出对终端状态 $X(t_f)$ 的要求，对 $X(t_f)$ 的要求是利用性能指标的终端代价来反映的，终端代价用于限制终端误差，它表明期望 $X(t_f)$ 尽量靠近误差信号 $e(t)=0$ 时所对应的状态。

以下是线性二次型最优调节器的几种特殊情况：

若 $C(t)=I$ （单位矩阵），$Y_r(t)=0$，则 $Y(t)=X(t)=-e(t)$，于是性能指标变为式 3-5，这时问题归结为：用不大的控制能量，使系统状态 $X(t)$ 保持在零值附近，因而称为状态调节器问题。

$$J = \frac{1}{2}X^T(t_f)SX(t_f) + \frac{1}{2}\int_{t_0}^{t_f}[X^T(t)Q(t)X(t) + u^T(t)R(t)u(t)]\mathrm{d}t \qquad (3\text{-}5)$$

若 $Y_r(t)=0$，则 $Y(t)=-e(t)$，于是性能指标变为式 3-6，这时问题归结为：用不大的控制能量，使系统输出 $Y(t)$ 保持在零值附近，故称为输出调节器问题。

$$J = \frac{1}{2} Y^T(t_f) S Y(t_f) + \frac{1}{2} \int_{t_0}^{t_f} [Y^T(t) Q(t) Y(t) + u^T(t) R(t) u(t)] dt \qquad (3-6)$$

若 $Y_r(t) \neq 0$，则 $e(t) = Y_r(t) - Y(t)$，于是性能指标可写为式 3-7，这时问题转化为：用不大的控制能量，使系统输出 $Y(t)$ 紧紧跟随 $Y_r(t)$ 的变化，故称为跟踪问题。

$$J = \frac{1}{2} [Y_r(t_f) - Y(t_f)]^T S [Y_r(t_f) - Y(t_f)] +$$
$$\frac{1}{2} \int_{t_0}^{t_f} \{ [Y_r(t) - Y(t)]^T Q(t) [Y_r(t) - Y(t)] + u^T(t) R(t) u(t) \} dt \qquad (3-7)$$

3.1.2 线性二次型最优状态调节器

给定线性定常系统的状态方程和初始条件如下：

$$\dot{X}(t) = AX(t) + Bu(t) \qquad (3-8)$$
$$X(t_0) = X_0 \qquad (3-9)$$

其中 $X(t)$、$\dot{X}(t)$ 和 $u(t)$ 的定义同式 3-1，A 是 $n \times n$ 维常数矩阵，B 是 $n \times m$ 维常数矩阵，控制系统的性能指标如下：

$$J = \frac{1}{2} \int_{t_0}^{t_f} [X^T(t) Q X(t) + u^T(t) R u(t)] dt \qquad (3-10)$$

式中：Q 是 $n \times n$ 维非负定、对称的常数矩阵，R 是 $m \times m$ 维正定、对称的常数矩阵，t_f 是给定的终端时间，控制函数 $u(t)$ 不受约束，要求确定最优控制函数 $u^*(t)$，使性能指标式 3-10 达到最小值。

这样实现的最优控制器被称为线性二次型最优状态调节器 LQR。又考虑到终端时间 t_f 是有限的，故称为有限时间的状态调节器。

3.1.3 线性二次型最优输出调节器

给定线性定常系统的状态方程、初始条件和输出方程如下：

$$\dot{X}(t) = AX(t) + Bu(t) \qquad (3-11)$$
$$X(t_0) = X_0 \qquad (3-12)$$
$$Y = CX(t) + Du(t) \qquad (3-13)$$

其中 $X(t)$、$\dot{X}(t)$、$u(t)$ 和 $Y(t)$ 定义同式 3-1 和式 3-2，A 是 $n \times n$ 维常数矩阵，B 是 $n \times m$ 维常数矩阵，C 是 $l \times n$ 维常数矩阵，D 是 $l \times m$ 维常数矩阵，控制系统的性能指标如下：

$$J = \frac{1}{2} \int_{t_0}^{t_f} [Y^T(t) Q Y(t) + u^T(t) R u(t)] dt \qquad (3-14)$$

式中：Q 是 $n \times n$ 维非负定、对称的常数矩阵；R 是 $m \times m$ 维正定、对称的常数矩阵；t_f 是给定的终端时间；控制函数 $u(t)$ 不受约束。

要求确定最优控制函数 $u^*(t)$，使性能指标式 3-14 达到最小值。这样实现的最优控制器被称为线性二次型最优输出调节器 LQY[73]。

在式 3-10 和式 3-14 所示的两个性能指标中，Q、R 分别是对状态变量和输入向量的加权矩阵。如果提高 Q 阵中某一元素的比重，说明希望与之对应的状态分量具有较好的快速响应特性；而提高 R 阵中某一元素的比重，意味着需要更有效地抑制与之相应的控制分量的幅值及由它引起的能量消耗。

在实际工程应用中，$u^*(t)$ 一般无需手工计算，可以利用已有的各种工具包和函数解决性能指标的最小化问题。但在 LQR 或 LQY 控制器设计中，还要对 Q 和 R 两个加权矩阵反复凑试、手动选择，以保证最佳的控制效果，因此给控制器设计带来了一定难度。

线性二次型最优调节原理的理论发展成熟、控制过程简单、控制器设计的辅助工具较多，因此被广泛应用于控制领域。然而，面对日益复杂的被控对象，线性二次型最优调节器的不足逐渐显现，主要表现如下：

(1) 线性二次型最优调节理论属于现代控制的范畴，依赖系统数学模型的精确性。因此，在以包含诸多不确定因素和子系统高度耦合的复杂系统为控制对象时，线性二次型最优调节原理遇到了瓶颈。

(2) 线性二次型最优调节原理基于系统的线性化模型，如果无法在状态空间的某个特殊点完成对系统模型的线性化操作，或者线性化之后系统的重要信息丢失过多，线性二次型最优调节器的控制效果就会受到影响。

(3) 线性二次型最优调节原理中，系统性能指标所包含的状态变量和输入向量的加权矩阵 Q 和 R 通常根据经验取值，因此在控制器设计中需要反复试验，给控制器设计带来不便。

(4) 由于线性二次型最优调节原理基于系统的线性化模型，实际应用时，为了得到最佳的控制效果，往往需要对控制参数进行二次手工调节，随着系统复杂程度的提高，这种调节变得越来越重要且难度越来越大。

3.2 拟人智能控制器

拟人智能控制方法的核心是广义归约和拟人设计控制律，它基于人的控制经验，通过对各状态变量的观察得到最终的控制输出。为了提高控制效果，虽然有时会对控制量解析表达式做某种形式的变换，但其原型仍然是各状态变量的线性函数[43-46,74-76]。

3.2.1　广义归约

广义归约模拟人脑处理问题的方式，面对复杂控制问题，将其分解为主要矛盾 P_1 和次要矛盾 S_1，再将主要矛盾 P_1 分解为新的主要矛盾 P_2 和次要矛盾 S_2，……，依次类推，最终得到可以直接解决的本原问题。由于本原问题的解决，其上层主要矛盾可以演化为本原问题，这种由于下层主要矛盾的解决而转化为本原问题的主要矛盾称为次本原主要矛盾。广义归约的具体过程见图 3-1。

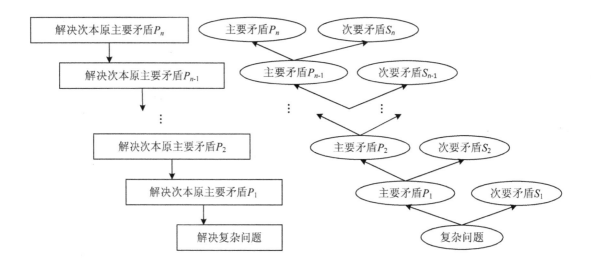

图 3-1　广义归约原理图

3.2.2　拟人设计控制律

将广义归约思想应用于复杂控制问题，形成了归约规则方法。归约规则方法即归约复杂控制问题，形成定性控制规则的方法，具体原理见图 3-2。首先通过对被控对象物理模型的定性认识实现对控制目标的逐层分解，通过对被控对象物理结构以及输入输出响应的定性分析形成解决本原主要矛盾与次本原主要矛盾的控制策略，然后逆向综合成可以实现控制目标的定性控制策略。

广义归约主要利用人的控制经验，因此便于理解和实际操作。但由于人的经验是多种多样的，这给归约规则方法中分析与综合过程的形式化描述造成困难，很难找到统一的数学工具实现不同类型经验知识的形式化沟通与推理，于是也就难以对这一方法进行理论上的深入分析与探讨。

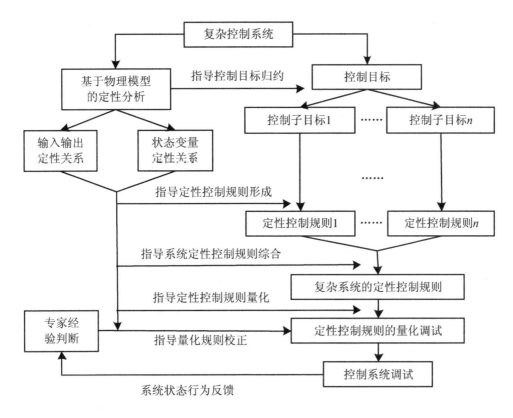

图 3-2 拟人智能控制中归约规则方法原理图

3.2.3 控制经验获取

知识获取是人工智能的一个重要问题，也一直是专家系统与知识工程的瓶颈问题。同样，人类控制经验的获取也是智能控制领域的一个难点。

对于能够比较精确地建立起系统模型的被控对象，可以依据传统的控制理论从数学模型推导得到相应的控制律。以精确数学模型表示的控制律一般形如式 3-15。其中 u_i 为多输入控制量，$x_1, x_2, \cdots, x_n$ 为反馈状态变量，f 具有精确的数学解析表达式。

$$u_i = f(x_1, x_2, \cdots, x_n) \qquad i = 1, 2, \cdots, k \qquad (3\text{-}15)$$

如果数学模型不能准确地反映系统真实情况，也可以从被控系统的定性物理模型获得定性控制律，其一般表示形式为：

$$u_i = F(x_1, x_2, \cdots, x_n) \qquad i = 1, 2, \cdots, k \qquad (3\text{-}16)$$

$$\Psi_j(x_1, x_2, \cdots, x_n) \leqslant 0 \qquad j = 1, 2, \cdots, l \qquad (3\text{-}17)$$

式中：u_i 为多输入控制量，$x_1, x_2, \cdots, x_n$ 为反馈状态变量，F 具有确切的数学表达式，但其中包含不确定参数，式 3-17 为关于系统状态反馈变量的定性约束。在不容易得到控制律时，还可以通过汇集专家控制经验来建立知识库，其中包括控制规则库和相应的推理机制，其过程类似于模糊控制中模糊控制规则库的形成。

从拟人智能的思想出发，控制经验的获取并不完全依赖精确的数学模型，控制律的表述形式可以是以上几种方式的合成。对于专门针对某被控对象物理模型的控制更偏重于定性描述系统状态，通过在线辨识系统动态行为形成定性控制律。

下面针对倒立摆系统的稳定控制问题，设计拟人智能控制器[42-46,74-79]，说明拟人智能控制器的控制量解析表示和线性二次型最优调节原理一样，是系统状态变量的线性函数。

3.2.4　倒立摆系统的拟人智能控制

水平导轨上的单电机控制的单级倒立摆的控制目标是摆杆不倒，小车在中心位置附近运动。整个系统主要由小车和摆杆两部分组成，系统的状态信息可以通过传感器测量得到，这些信息经 A/D 转换输入到控制机构，根据控制算法得到控制量，控制量再经 D/A 转换输出到电机，电机通过皮带驱动小车在导轨上来回运动，从而获得系统的动态平衡。具体装置的示意图如下。

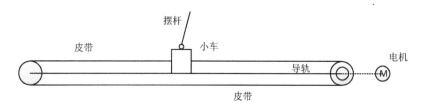

图 3-3　水平导轨上的单电机控制的倒立摆装置示意图

根据广义归约的思想，对倒立摆稳定控制问题进行归约分析：首先，摆杆的稳定是控制的主要问题，而小车的稳定是控制的次要问题；不考虑小车，摆杆的角度控制较其角速度控制是一个主要问题……。归约结束后，倒立摆的控制问题分解为一系列本原问题，依次是：控制摆杆角度为零、控制摆杆角速度为零、控制小车位移为零和控制小车速度为零，这四个状态变量分别用 θ_1、$\dot{\theta}_1$、x 和 $\dot{x}$ 表示，控制量用 u 表示。

对系统进行物理分析可知：摆杆垂直时，如果 u 向右，则小车向右加速运动，摆杆向左偏转；反之，如果 u 向左，则小车向左加速运动，摆杆向右偏转。u 为零时，若摆杆向右倒，在重力的作用下，摆杆向右加速倒下，小车向左移动；反之，摆杆向左加速倒下，小车向右移动。

规定小车的运动以向左为正,摆的运动以顺时针转动为正,控制力向左为正,小车的起始位置为 0 m,摆垂直向上为 0 rad。根据以上对物理系统的分析,结合人的控制经验,得到拟人智能定性控制规律:

(1) 对下摆的角度控制问题而言,下摆偏左,应施加向左的力,使下摆平衡,反之施加向右的力;

(2) 对小车的位移控制问题而言,小车偏左,根据下摆控制优先的原则和对下摆角度的控制规律,给系统施加向左的力,反之施加向右的力;

(3) 对下摆角速度的控制问题而言,为了消除摆的震荡,可以引入阻尼信号,如果 $\dot{\theta}_1 > 0$,应使向右的作用力增强,即施加向右的力,反之施加向左的力;

(4) 同理,对小车速度的控制问题而言,如果 $\dot{x} > 0$,说明小车有向左运动的趋势,应使向左的作用力增强,即施加向左的力,反之施加向右的力。

综上所述,倒立摆系统拟人智能控制器的解析表示如式 3-18,它和线性二次型最优调节原理一样,是状态变量的线性函数。

$$u = k_{\theta_1} \cdot \theta_1 + k_x \cdot x + k_{\dot{\theta}_1} \cdot \dot{\theta}_1 + k_{\dot{x}} \cdot \dot{x}, \tag{3-18}$$

在实际应用中,随着倒立摆级数的增加,有学者为提高控制效果对类似于式 3-18 的拟人智能控制量解析表达式进行某种形式的变换[79],但其原型仍旧是多个状态变量的线性函数。

拟人智能控制不依赖被控对象精确的数学模型,对复杂被控系统有天然的优越性,同时,采用定性与定量相结合的方法以及数学解析与直觉推理相结合的知识工程方法作为研究工具,可以处理各种定性和模糊的信息,是一类重要的智能控制方法。然而,在实际工程应用中,还有一些问题阻碍了拟人智能控制理论的广泛应用。

(1) 作为拟人智能控制理论核心之一的广义归约原理,用于将复杂问题分解为较易解决的简单问题,对于包含多个互相紧密耦合的子系统的复杂被控对象而言,广义归约有一定难度,其结果的正确与否直接影响到控制器的控制效果。

(2) 拟人智能控制要求根据人的控制经验总结定性的控制规律,对于复杂性较低的被控系统而言,定性控制规律容易分析得到,但随着系统复杂程度的提高,这种分析过程变得越来越复杂,且容易出错。

(3) 定性控制规律的量化需要采用适当的参数优化方法,在对控制参数优化时,为了不使寻优时间过长,通常先根据理论分析和控制经验对其初步确定,但由于系统各个状态量的量纲互不相同,控制参数的初步确定具有一定难度。

3.3 智能控制模型 ICM-LG

基于对线性二次型最优调节原理和拟人智能控制原理的分析，本书提出一种融合了 LQR 和遗传算法的智能控制模型（Intelligent Control Model integrated with LQR and GA，ICM-LG），用于解决复杂系统的控制问题。

这种控制方法继承了线性二次型最优调节器设计简单的优点，但又不过分依赖系统模型的精确性；同时保留了拟人智能控制理论中广义归约的思想，用于选定控制量解析表达式中出现的状态量。即，对两类解析表示类似的控制方法扬长避短，同时引入遗传算法，形成一种改进了的智能控制模型。

在控制器参数优化时，采用具有全局优化特性的遗传算法，并在控制参数的评价函数中给不同状态量以及不同控制周期的效果赋予不同权值，使最终的控制参数更好地适应实际需求。

3.3.1 ICM-LG 的结构

图 3-4 所示是 ICM-LG 智能控制系统的结构图，为突出重点，图中未画出 A/D 和 D/A 模块，以及负责将控制量施加到系统的执行机构，系统的核心是包括模型预处理模块、控制参数预处理模块、不等权的参数优化模块和综合决策模块在内的智能控制模型 ICM-LG。其中：

(1) 给定值一般为被控系统的目标状态。

(2) 控制器输入则是指给定值与传感器测出的系统状态量之间的误差或误差的某种数学变换，如误差变化、误差变化的变化等。

(3) 模型预处理模块负责建立被控系统的非线性模型，并在系统状态空间的某个合适的点对其进行线性化操作。

(4) 控制参数预处理模块基于模型预处理的结果，利用线性二次型最优调节原理获得较粗糙的 ICM-LG 控制参数。

(5) 不等权的参数优化模块对粗糙的 ICM-LG 控制参数进一步优化，得到综合决策模块的控制参数，用于对被控系统的控制。

(6) 综合决策模块根据控制器的输入变量，对控制输出进行决策。

需要指出的是，线性二次型最优调节器的参数只是粗糙的 ICM-LG 控制参数，还需要用不等权的参数优化模块进一步优化，因此 ICM-LG 对系统线性模型的精确性要求不高。

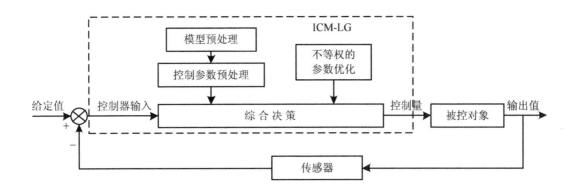

图 3-4 ICM-LG 控制系统结构图

3.3.2 ICM-LG 的设计步骤

ICM-LG 结合了线性二次型最优调节原理、拟人智能控制理论和遗传算法的优点，控制器设计过程中涉及到系统建模、模型的线性化处理、控制参数预定以及参数优化等环节，以下是具体的设计步骤。

1. 确定控制器的输入和输出变量

按照人解决问题的思路和方式，粗略分析被控对象的物理特性和定性控制规律，确定控制器的输入和输出变量。对系统定性控制规律的分析不需要像拟人智能控制那样细致和精确，无需最大可能地确定控制参数的变化范围。对定性控制规律的粗略分析只是为了确保最终出现在控制量解析表达式中的系统变量是存在且必需的。

2. 建立系统的非线性数学模型

利用恰当的方法建立系统的非线性数学模型，该模型会在模型预处理模块和不等权的参数优化模块中用到。

3. 模型预处理

根据控制目标，在系统状态空间的某一点对系统的非线性模型进行线性化处理。由于线性模型只用于确定 ICM-LG 控制参数的大致变化范围，最终的 ICM-LG 控制参数还需进一步优化，所以对该线性模型的精确性要求不高。

4. 控制参数预定

基于步骤 3 得到的线性模型，采用线性二次型最优调节原理，通过最小化式 3-10 或式 3-14 描述的性能指标，得到 ICM-LG 的粗糙控制参数，不等权的参数优化模块将根据此参数确定 ICM-LG 最终控制参数的大致变化范围。其中，线性二次型性能指标中的加权系数 Q 和 R 无需通过反复实验确定，只要选取某个大致可行的值即可。

5. 不等权的参数优化

遗传算法[80,81]是模拟生物在自然环境中的遗传和进化过程而形成的一种自适应全局优化搜索算法。鉴于其全局寻优能力，ICM-LG 的参数优化模块采用遗传算法。

为了提高控制速度，而又不影响粗糙控制参数的有效性，遗传算法中初始种群选取的中心点可以选为步骤 4 所得结果的某一个较小的倍数（如 1.5 倍左右）。虽然在关于 LQR 方法的实验中发现，控制参数的整体放大会导致某些状态量超调的增大，但由于 ICM-LG 会基于不等权的参数优化模块进一步优化控制参数，从而在一定程度上消除了这种粗糙控制参数放大带来的超调。

控制参数在遗传算法中采用二进制编码，编码个数为 8 位或者 10 位。

主要的遗传操作包括选择，交叉和变异。选择操作采用轮盘赌模型，用于从父代群体中选择更优的染色体遗传到下一代群体中；交叉操作采用两点交叉，在个体编码串中随机设置两个交叉点，然后以适当的交叉概率对两个染色体进行部分基因交换，从而保证在种群每一代进化中都有新个体产生；变异操作采用基本位变异，以适当的变异概率对个体编码串中随机指定的某一位基因值做变异运算，从而改善遗传算法的局部搜索能力，维持群体的多样性。

所谓不等权的参数优化，指遗传算法中评价函数的设计不仅要考虑到复杂系统中各个控制子目标优先级的不同（优先级高的控制子目标，控制的重要程度较高，优先级低的控制子目标，控制的重要程度较低），还要考虑到实际应用中不同系统的具体控制要求不同（如某些控制系统看重控制过程的快速性，而某些控制系统则对控制过程的稳定性要求更高）。

假定某控制系统第 k 个控制周期的状态变量为

$$X = [x_1(k), x_2(k), \cdots, x_n(k)]$$

系统的目标状态量为

$$X_d = [x_1^d, x_2^d, \cdots, x_n^d]$$

则某控制参数的评价函数（适应值函数）定义如式 3-19。

$$fitness = \frac{1}{\sum\limits_{k=1}^{m} w_k (\alpha_1 (x_1(k) - x_1^d)^2 + \cdots \alpha_i (x_i(k) - x_i^d)^2 + \cdots + \alpha_n (x_n(k) - x_n^d)^2)} \tag{3-19}$$

其中，将实际状态量和目标状态量之间误差的平方定义为状态方差，评价函数分别对各状态方差、各控制周期的控制效果赋予不同的权值。同时，为了保证控制参数的实际有效性，只考虑从控制开始的有限个周期的控制效果。m 为控制周期数，w_k 为第 k 个周期控制效果的权重，α_i 为第 i 个状态变量在控制效果中的权值，$i = 1 \cdots n$。

适应值函数反映了被评价的控制参数的优劣，不同的 α_i 保证了不同的控制子目标具有不同的控制优先级，α_i 越大表示控制的优先级越高。同时，如果对控制过程快速性要求较高，越早控制周期的控制效果在适应值中的权重应该越大，即 $w_i > w_{i+1}(0 < i < m)$；同理，如果对控制过程稳定性要求较高，则要对 w_k 做相应的调整。

6. **ICM-LG 控制参数确定。**

经步骤 5 对控制参数优化后，得到 ICM-LG 的最终控制参数，用解析式表示后即可用于系统控制。

3.3.3 ICM-LG 的特点

ICM-LG 和线性二次型最优调节原理以及拟人智能控制器一样，其控制量解析表达式是系统状态变量的线性函数，但由于其设计思想来源于对线性二次型最优调节原理和拟人智能控制理论的分析，避免了它们在设计及实际应用中的缺陷和不足，具有一定的优势，以下是 ICM-LG 的特点。

(1) 在 ICM-LG 控制器设计中，线性二次型最优调节器的控制参数只用于确定 ICM-LG 参数的大致范围，因此，ICM-LG 不过分依赖系统线性模型的精确性，也不需要像 LQR 或 LQY 控制器设计那样，需要反复实验确定最优的加权矩阵 Q 和 R。

(2) 不需要像拟人智能控制器设计那样，通过对系统物理特性的细致分析以尽可能精确地确定控制参数的变化范围。ICM-LG 控制器设计中对被控系统定性控制规律的粗略总结只用于确定最终出现在控制量解析表达式中的系统变量。

(3) ICM-LG 不依赖于系统模型的精确性，需要对被控对象物理特性和定性控制规律粗略分析，属于智能控制的范畴。

(4) 采用不等权的参数优化模块对控制参数进行优化，控制过程更能反映各控制子目标优先级的不同，以及对控制快速性、稳定性要求侧重点的不同。

(5) 在 ICM-LG 控制器设计中，由于降低了对加权矩阵 Q 和 R 的要求，并通过遗传算法全局优化控制参数，相对于 LQR 而言，避免了为选择最优加权矩阵的反复实验，同时简化了繁琐的手动二次调节过程；又由于控制参数的优化有参数预处理模块指导，相对于拟人智能控制方法而言，缩短了参数优化的时间。

3.4 ICM-LG 的应用

倒立摆系统具有非线性、多变量和自然不稳定等特性,是智能控制理论和方法的典型实验平台。现以倒立摆系统为实验对象,验证 ICM-LG 的有效性和优越性。

3.4.1 倒立摆系统的数学模型

这里只列出本书涉及的实验中用到的一级、二级倒立摆的数学模型,建模过程将在第5 章中具体论述。

一级倒立摆系统的数学模型如式 3-20 所示。

$$
\begin{bmatrix} m_0 + m_1 & -m_1 l_1 \cos\theta_1 \\ m_1 l_1 \cos\theta_1 & -(m_1 l_1^2 + J_1) \end{bmatrix} \begin{bmatrix} \ddot{x} \\ \ddot{\theta}_1 \end{bmatrix} + \begin{bmatrix} F_0 & m_1 l_1 \dot{\theta}_1 \sin\theta_1 \\ 0 & -F_1 \end{bmatrix} \begin{bmatrix} \dot{x} \\ \dot{\theta}_1 \end{bmatrix} = \begin{bmatrix} G_0 u \\ -m_1 g l_1 \sin\theta_1 \end{bmatrix} \tag{3-20}
$$

在图 3-3 所示的一级系统基础上增加一级摆杆即构成二级倒立摆系统。与小车直接相连的摆杆被称为下摆,通过转轴与下摆连接的摆杆被称为上摆,二级倒立摆系统的数学模型如式 3-21 所示。

$$
\begin{bmatrix} m_0 + m_1 + m_2 + p_1 & -(m_1 l_1 + m_2 L_1 + p_1 L_1)\cos\theta_1 & -m_2 l_2 \cos\theta_2 \\ (m_1 l_1 + m_2 L_1 + p_1 L_1)\cos\theta_1 & -(m_1 l_1^2 + J_1 + m_2 L_1^2 + p_1 L_1^2) & -m_2 L_1 l_2 \cos(\theta_2 - \theta_1) \\ m_2 l_2 \cos\theta_2 & -m_2 L_1 l_2 \cos(\theta_2 - \theta_1) & -(m_2 l_2^2 + J_2) \end{bmatrix} \begin{bmatrix} \ddot{x} \\ \ddot{\theta}_1 \\ \ddot{\theta}_2 \end{bmatrix} +
$$

$$
\begin{bmatrix} F_0 & (m_1 l_1 + m_2 L_1 + p_1 L_1)\dot{\theta}_1 \sin\theta_1 & m_2 l_2 \dot{\theta}_2 \sin\theta_2 \\ 0 & -(F_1 + F_2) & F_2 + m_2 L_1 l_2 \dot{\theta}_2 \sin(\theta_2 - \theta_1) \\ 0 & F_2 - m_2 L_1 l_2 \dot{\theta}_1 \sin(\theta_2 - \theta_1) & -F_2 \end{bmatrix} \begin{bmatrix} \dot{x} \\ \dot{\theta}_1 \\ \dot{\theta}_2 \end{bmatrix}
$$

$$
= \begin{bmatrix} G_0 u \\ -(m_1 g l_1 + m_2 g L_1 + p_1 g L_1)\sin\theta_1 \\ -m_2 g l_2 \sin\theta_2 \end{bmatrix}
$$

$$\tag{3-21}$$

上面两式中所出现符号的物理意义,以及它们的具体数值如表 3-1 所示。

表 3-1 某倒立摆系统的物理参数

符号	物理意义	实际取值	
		一级系统	二级系统
m_0	小车质量(kg)	0.924	0.924
m_1	下摆摆杆质量(kg)	0.04933	0.01762
m_2	上摆摆杆质量(kg)	/	0.07312
p_1	上下摆之间转轴、传感器等模块的质量和(kg)	/	0.18582
l_1	下摆质心到转轴的距离(m)	0.177	0.075
l_2	上摆质心到转轴的距离(m)	/	0.1972
L_1	下摆长度(m)	0.354	0.15
L_2	上摆长度(m)	/	0.3944
F_0	小车与导轨间的摩擦系数(N·s·m)	0.1	0.1
F_1	下摆与转轴的摩擦阻力矩系数(N·s·m)	0	0
F_2	上摆与转轴的摩擦阻力矩系数((N·s·m)	/	0
J_1	下摆绕转轴转动的转动惯量(kg·m²)	5.1515e-4	3.3038e-5
J_2	上摆绕转轴转动的转动惯量(kg·m²)	/	9.4783e-4
T	采样周期(s)	0.0005	0.0006
G_0	小车驱动系统（电机）的反馈增益	1	1
g	重力加速度(N/kg)	9.8	9.8
$[x\ \theta_1\ \theta_2]$	系统状态：[小车位移 下摆角度 上摆角度]		
$[\dot{x}\ \dot{\theta_1}\ \dot{\theta_2}]$	系统状态的一阶导数：[小车速度 下摆角速度 上摆角速度]		
$[\ddot{x}\ \ddot{\theta_1}\ \ddot{\theta_2}]$	系统状态的二阶导数：[小车加速度 下摆角加速度 上摆角加速度]		
u	控制力		

以下设计了一级倒立摆系统的 LQR 控制器、拟人智能控制器和 ICM-LG 控制器，并对它们的控制效果进行了分析比较。

3.4.2 一级倒立摆系统的 LQR 稳定控制

根据线性二次型最优状态调节原理，利用软件环境中的相关函数，可以很容易地求出使式 3-10 所示的系统性能指标最小的 $u^*(t)$。对于表 3-1 所示的倒立摆系统，取加权矩阵如式 3-22，得到倒立摆的 LQR 控制器如式 3-23。

$$Q = \begin{bmatrix} 40 & 0 & 0 & 0 \\ 0 & 40 & 0 & 0 \\ 0 & 0 & 0 & 0 \\ 0 & 0 & 0 & 0 \end{bmatrix}, R = 0.2 \qquad (3\text{-}22)$$

$$u = 14.1421x - 46.3791\theta_1 + 10.4120\dot{x} - 6.7951\dot{\theta}_1 \qquad (3\text{-}23)$$

3.4.3 一级倒立摆系统的拟人智能稳定控制

根据 3.2 节对一级系统定性控制规律的分析，同时考虑系统各个控制子目标的优先级，可知拟人智能控制参数大致满足式 3-24。

$$k_{\theta_1} < 0, k_x > 0, k_{\dot{\theta}_1} < 0, k_{\dot{x}} > 0, |k_x| \approx |k_{\dot{x}}|, |k_{\theta_1}| > |k_{\dot{\theta}_1}|, |k_{\theta_1}| > |k_x| \qquad (3\text{-}24)$$

用遗传算法对拟人智能控制器的控制参数寻优，得到最终的控制量如式 3-25，参数寻优时间为 193 秒。

$$u = 15.1173x - 54.0176\theta_1 + 15.0000\dot{x} - 10.5000\dot{\theta}_1 \qquad (3\text{-}25)$$

3.4.4 一级倒立摆系统的 ICM-LG 稳定控制

基于本章提出的 ICM-LG 原理和设计步骤，得到 ICM-LG 最终控制量的解析表达式如式 3-26，参数寻优时间为 76 秒。

$$u = 21.2298x - 69.5868\theta_1 + 15.6302\dot{x} - 9.3081\dot{\theta}_1 \qquad (3\text{-}26)$$

当倒立摆系统的初态为 $[x\ \theta_1\ \dot{x}\ \dot{\theta}_1] = [0.0002\ \text{m}\ 0.25\ \text{rad}\ 0\ \text{m/s}\ -0.3\ \text{rad/s}]$ 时，图 3-5 和图 3-6 分别比较了 ICM-LG 和 LQR 控制器，以及 ICM-LG 和拟人智能控制器的控制效果。

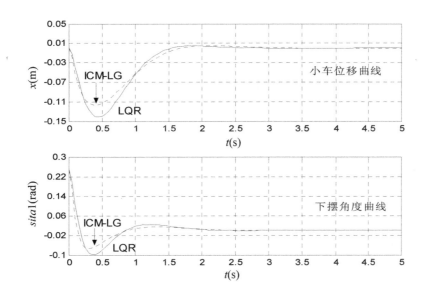

图 3-5 ICM-LG 和 LQR 控制器控制效果的比较

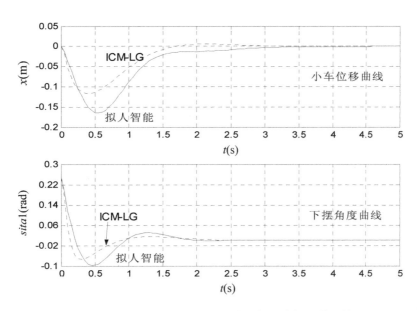

图 3-6 ICM-LG 和拟人智能控制器控制效果的比较

LQR、拟人智能和 ICM-LG 三种控制方法下的具体实验数据如表 3-2 所示。由于小车位移和下摆角度的控制目标均为零，故表中的最大偏离量即最大的状态量绝对值。同时规定当小车位移小于 0.02 m、且下摆角度小于 0.01 rad 时系统控制成功。

表 3-2 三种控制方法的效果比较

指标 控制方法	最大偏离量		调节时间(s)
	小车位移(m)	下摆角度(rad)	
LQR	0.1417	0.0992	1.7500
拟人智能	0.1653	0.0976	1.7500
ICM-LG	0.1176	0.0749	1.7000

注：评价指标"最大偏离量"和"调节时间"均取自经典控制理论中用于分析控制系统动态性能的时域分析法，其原型是定值系统的性能指标[82]。

"调节时间"指响应曲线由开始起到最后一次进入偏离稳态值 $\pm\triangle$ 内，并且以后不再越出此范围的时间。

"最大偏离量"原指响应曲线偏离稳态时的最大值，但由于该定义在用于评价定值系统时，要求系统的初始条件为零；而在本书关于智能控制方法的实验中，控制的初始条件并不为零，故"最大偏离量"的定义修正为控制过程中由于控制方法本身造成的响应曲线偏离稳态时的最大值。

后文的实验将沿用这两个评价指标。

由图 3-5 和表 3-2 可知：ICM-LG 控制下，小车位移在大约 0.3 s 时开始加速收敛，同时考虑到导轨的长度约为 0.9 m，故小车位移的最大偏离量远小于 LQR 控制下的最大偏离量，减小约 17%；下摆角度的最大偏离量比 LQR 控制下减小约 24%；系统的调节时间比 LQR 控制下减少约 2.9%。即，ICM-LG 以增加控制参数的寻优时间为代价，提高了控制系统的快速性和稳定性，达到优化控制效果的目的。

由图 3-6 和表 3-2 可知：和拟人智能控制相比，采用 ICM-LG 控制，小车位移的最大偏离量减小约 29%，下摆角度的最大偏离量减小约 23%。系统的调节时间减少约 2.9%。

相关的实验数据表明：由于有参数预定模块指导，ICM-LG 的参数优化时间（76 s）比拟人智能控制器的参数优化时间（193 s）减少了约 61%。

3.4.5 参数寻优模块采用不等权和等权形式的控制效果比较

以下实验比较分析了参数寻优模块分别采用等权和不等权形式的两种 ICM-LG 控制器对一级倒立摆系统的稳定控制效果。

考虑系统的四个控制子目标具有不同的优先级，同时注重控制过程的快速性要求，定义适应值函数如式 3-27，得到采用不等权的参数优化模块的控制器 ICM-LG1 如式 3-28 所示。

$$fitness = \cfrac{1}{\sum_{k=1}^{T}\left[0.1x(k)^2 + 0.05\dot{x}(k)^2 + \theta_1(k)^2 + \dot{\theta}_1(k)^2\right]\left[(T-k+1)^2/T\right]} \tag{3-27}$$

$$u = 26.0168x - 70.0571\theta_1 + 17.0786\dot{x} - 8.9107\dot{\theta}_1 \tag{3-28}$$

认为系统的四个控制子目标具有相同的优先级，而且各控制周期的控制效果具有同样的权重，定义适应值函数如式 3-29，得到采用等权参数优化模块的控制器 ICM-LG2 如式 3-30 所示。

$$fitness = \cfrac{1}{\sum_{k=1}^{T}\left[x(k)^2 + \dot{x}(k)^2 + \theta_1(k)^2 + \dot{\theta}_1(k)^2\right]} \tag{3-29}$$

$$u = 26.0168x - 65.5633\theta_1 + 17.0786\dot{x} - 9.8486\dot{\theta}_1 \tag{3-30}$$

当倒立摆系统的初态为 $[x\ \theta_1\ \dot{x}\ \dot{\theta}_1] = [0.0002\ \text{m}\ 0.25\ \text{rad}\ 0\ \text{m/s}\ -0.3\ \text{rad/s}]$ 时，图 3-7 说明了 ICM-LG1 和 ICM-LG2 的控制效果，其中虚线表示 ICM-LG1，实线表示 ICM-LG2。

由图 3-7 可知，由于 ICM-LG1 在适应值函数中对较早控制周期的效果赋予更高的权值，因此各状态量曲线在控制初期比 ICM-LG2 控制下收敛快。为完成一级倒立摆系统四个控制子目标

$$x \to 0,\ \theta_1 \to 0,\ \dot{x} \to 0,\ \dot{\theta}_1 \to 0$$

ICM-LG1 所用的时间大致为 1.81 s、0.95 s、1.80 s 和 1.05 s，ICM-LG2 所用的时间大致为 1.62 s、1.71 s、1.63 s 和 1.42 s。即，ICM-LG1 由于采用了不等权的参数优化模块，各控制子系统的调节时间有较大差距，而 ICM-LG2 控制下各子系统的调节时间差距则较小。

3.4.6 二级倒立摆系统的稳定控制

采用本章提出的控制模型 ICM-LG，以表 3-1 中的实物二级倒立摆系统为控制对象，设计得到控制器如式 3-31 所示。

$$u = -15x - 142.2353\theta_1 + 214.6078\theta_2 - 20.0196\dot{x} - 5.5569\dot{\theta}_1 + 40\dot{\theta}_2 \tag{3-31}$$

在对应的二级倒立摆实物系统上，用 ICM-LG 进行稳定控制，效果如图 3-8 所示。对六个系统变量的成功控制，证明了本章提出的融合了 LQR 和 GA 的智能控制模型 ICM-LG 在实际应用中的有效性。

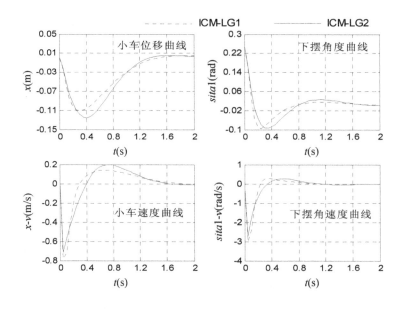

图 3-7 参数寻优模块采用不等权和等权形式的控制效果比较

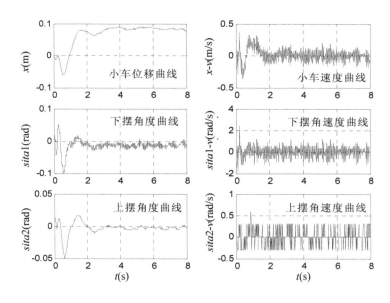

图 3-8 ICM-LG 对实物二级倒立摆系统的稳定控制效果

3.5 本章小结

线性二次型最优调节原理基于系统的精确数学模型，控制量表达式是各状态变量的线性函数。拟人智能控制模仿人解决问题的思路，其控制输出的决策基于对各状态变量的观察和控制经验，为了提高控制效果，虽然有时会对控制量解析表达式做某种形式的变换，但其原型仍然是各状态变量的线性函数。也就是说，线性二次型最优调节器和拟人智能控制器是两种控制量解析表达式类似的控制模型。

然而，线性二次型最优调节器依赖系统数学模型的精确性，在处理数学模型难以建立的复杂系统的控制问题时遇到了瓶颈，系统性能指标所包含的加权矩阵 Q 和 R 通常根据经验取值，因此在控制器设计中需要反复试验，给控制器设计带来不便。而且，在实际应用时，为了得到最佳的控制效果，往往需要对控制参数进行二次手工调节，随着系统复杂程度的提高，这种调节变得越来越重要且难度越来越大。拟人智能控制不依赖被控对象精确的数学模型，对复杂被控系统有天然的优越性，同时，采用定性与定量相结合的方法以及数学解析与直觉推理相结合的知识工程方法作为研究工具，可以处理各种定性和模糊的信息。然而，在实际工程应用中，还有一些问题阻碍了拟人智能控制理论的广泛应用，如随着系统复杂程度提高，广义归约难度加大、定性控制规律难以获得、控制参数不易初步确定等。

本章提出一种结合了线性二次型最优调节原理、拟人智能控制理论和遗传算法优点的智能控制模型 ICM-LG。该模型继承了线性二次型最优调节器设计简单的优点，但又不过分依赖系统模型的精确性，保留了拟人智能控制理论中广义归约的思想，用于选定控制量解析表达式中出现的状态量。其控制参数优化时，采用具有全局优化特性的遗传算法，并在控制参数的评价函数中给不同状态量以及不同控制周期的效果赋予不同权值，使最终的控制参数更好地适应实际需求。对一级、二级倒立摆系统的稳定控制实验及多种控制方法的比较实验验证了 ICM-LG 的有效性和优越性。

第4章 智能控制模型 ULICM

第 3 章提出的智能控制方法 ICM-LG 不依赖系统模型的精确性,无需细致分析被控对象的物理本质,弥补了线性二次型最优调节器和拟人智能控制器的不足。然而从本质上说,ICM-LG 的输出仍然是系统状态变量的线性函数,其逻辑基础的柔性特征还不明显。因此,本章基于具有广泛柔性特征的泛逻辑学,对智能控制模型的理论基础进一步柔性化,提出一种更符合被控对象特点的泛逻辑智能控制模型(Universal Logics Intelligent Control Model,ULICM),简称为泛逻辑控制模型(Universal Logics Control Model,ULICM)。同时,为了保证控制过程更能反映各控制子目标优先级的不同,以及对控制快速性、稳定性要求侧重点的不同,沿用 ICM-LG 中不等权的参数优化模块对泛逻辑控制参数进行优化。

本章详细分析了泛逻辑控制的理论基础,提出了控制系统的组成和泛逻辑控制器的原理、结构、设计原则等,根据控制器输入变量数目的不同,设计了一维到多维泛逻辑控制器的结构,并针对多维泛逻辑控制系统,提出了三种基于不同泛组合运算模型的泛逻辑控制器(Universal Logics Controller,ULC)。

4.1 ULICM 的理论基础

4.1.1 泛逻辑控制是一种更具柔性的控制

传统控制是一类刚性的控制,它建立在系统精确数学模型的基础上,一般要遵循一些比较苛刻和不符合实际情况的假设,忽略一些在工程应用中有重要影响的因素,以保证控制器的成功设计。然而,随着被控对象复杂程度的提高,这类刚性的控制方法接受着越来越大的挑战。

智能控制则是一类柔性的控制,它不要求系统精确的数学模型,在面对复杂的被控系统、环境和任务时,通过研究人脑微观或者宏观的结构功能,并把它移植到工程控制系统中,使得控制系统具有类似于人的智能。例如,模糊控制以具有真值柔性的模糊逻辑为基础,更能反映人们对事物认识、理解和决策的过程;拟人智能和仿人智能控制中都采用了专家的控制经验;神经网络控制则借鉴了动物脑神经的活动机制;此外,分层递阶控制、专家控制、云模型控制、模糊神经网络控制等都是从不同方面对人控制过程的模拟,都属于柔性控制的范畴。

本章提出的泛逻辑控制也是一种柔性控制,这是由于泛逻辑控制以具有广泛柔性特征的泛逻辑学为逻辑基础[28,56,62-65]，泛逻辑具有柔性的真值域、柔性的连接词运算模型、柔性的量词和柔性的推理模式。

泛逻辑控制以泛组合运算模型为控制决策的核心，具有三个关键参数 h、k 和 e，分别表示广义相关系数、广义自相关系数和幺元，分别刻画了模型中两个命题变元之间的相互关系、命题真值的测量误差和决策门限，是三个可以连续变化的量，这是以往智能控制理论没有的重要特征。由于这三个参数的引入，使得泛逻辑控制更接近人的控制思路和方式，在处理包含各种"不确定性"的复杂对象的控制问题时比其他智能控制理论具有更大的优势。

4.1.2 泛组合运算模型的物理意义

在现有的逻辑学中，并没有平均命题连接词，平均运算只存在于数值分析和决策分析之中，而之所以没有平均命题连接词是由于二值逻辑的影响。二值逻辑的长期发展形成了一种思维定势，似乎逻辑学中不需要考虑平均问题，因为二值逻辑中命题真值只有真和假两种，同真假的两个命题的平均，真假不变；不同真假的两个命题平均，结果无定义，所以二值逻辑中没有平均命题连接词存在的必要性和可能性。

然而，在非超序的三值逻辑和模糊逻辑中，平均运算不可或缺，因为它们的真值域中存在 0 和 1 之间的值，而与运算的结果不大于最小值，或运算的结果不小于最大值，仅仅依靠与运算和或运算无法表达在最小值和最大值之间的逻辑折中，因此平均运算的出现成为可能。

平均运算的物理意义是：对同一事物进行两次观察或测试，结果一般是不同的，其逻辑折中的结果应该在两次观察结果之间取值。目前已有许多平均运算方法，如算术平均、几何平均、调和平均和指数平均等，其中还有等权和不等权之分，但它们都有一个共性，即自己和自己平均，仍然是自己。泛逻辑学中的泛平均运算考虑了广义相关性和广义自相关性，对逻辑意义上的折中进行了进一步柔性化。泛平均命题连接词的定义如式 2-23 和 2-24 所示。

同平均运算的情况类似，在二值逻辑中也不存在组合运算，但在五值以上的多值逻辑和模糊逻辑中，组合运算不可或缺，因为与运算不大于最小值，或运算不小于最大值，平均运算在最小值和最大值之间变化，它们的变化范围都有局限性。而在综合决策中需要一种可以在全局上取值的逻辑运算，即组合运算。

对组合运算的客观需要可以用如下例子来说明：

假设有两个独立的投票人对某候选人进行带有支持度的投票选举，一个的支持度是 x，另一个的支持度是 y，规定 e 是通过选举的门限值，也就是表示弃权的幺元（例如 $e=0.5$ 时，$x=0.5$ 表示 x 弃权）。此时，用什么方法给出最后的选举结果呢？

如果用泛平均运算 $M(x,y)$ 进行折中，可能会产生一些违反常识的结论：例如，由于 $\min(x,y) \leqslant M(x,y) \leqslant \max(x,y)$，当 $x,y>e$ 时，结果可能比最大值要小，这说明由于出现了相同的支持意见，反而减少了最后的支持度；或者，当 $x,y<e$ 时，结果可能比最小值要大，这说明由于出现了相同的反对意见，反而增加了最后的支持度；当一方弃权时，结果可能不是另一方的支持度，……，这些都是与实际决策时的常识相违背的现象。

正确的综合方法应该具有以下特征：

(1) 如果两人都反对，结果应不大于最小值；

(2) 如果两人都赞成，结果应不小于最大值；

(3) 如果两人意见相反，结果应在最大值和最小值之间折中；

(4) 如果一方弃权，结果应为另一方的值。

(5) 幺元 e 可以在 [0,1] 中取值，$e=0$ 表示只要有人提议就通过，$e=0.6$ 表示常见的 60 分及格，$e=2/3$ 表示需要三分之二通过，$e=1$ 表示需要一致通过等，显然，$e=0$ 时组合运算退化为或运算 $S(x,y)$，$e=1$ 时组合运算退化为与运算 $T(x,y)$。

泛组合运算的 e 基模型是 $C^e(x,y)=\Gamma^1[x+y-e]$，它能满足 $h=k=0.5$ 时组合运算的各种性质：

(1) 当 $x=e$ 时，$C^e(x,y)=y$；

(2) 当 $x,y<e$ 时，$C^e(x,y) \leqslant \min(x,y)$；

(3) 当 $x,y>e$ 时，$C^e(x,y) \geqslant \max(x,y)$；

(4) 否则 $\min(x,y) \leqslant C^e(x,y) \leqslant \max(x,y)$。

由于 $x+y<2e$ 时，组合运算具有与运算的某些性质，$x+y>2e$ 时，组合运算具有或运算的某些性质，所以泛组合运算模型同时有与和或两部分表达。在泛组合基模型中引入 h 和 k 的影响，可以得到泛组合运算模型如式 2-25 和 2-26 所示。

泛组合运算模型有 e、h、k 三个形参，变化图十分复杂，泛组合运算模型完整簇的变化图如图 4-1~图 4-4 所示。其具有如下性质：

(1) 泛组合运算的逻辑学意义是综合决策，它可以在 [0,1] 中取值，并有表示弃权的幺元 e，e 是泛组合运算的与、或性分界线。

(2) $C^e(x,y,h,k)$ 有两条泛组合特征线：$C^e(x,e,h,k)=x$，$C^e(e,y,h,k)=y$。

(3) e 的连续可调性：

① e 是泛组合运算的决策门限值，$e=0$ 表示不设门限控制，泛组合运算退化为泛或运算；

② 随着 e 从 0 到 1 连续增大，门限值不断提高，泛组合运算的泛或运算区域不断减小，泛与运算区域不断扩大；

③ $e=0.5$ 是正常门限值，与、或区域各半；

④ $e=1$ 表示最高门限控制，泛组合运算退化为泛与运算。

(4) 泛组合性：

① 泛组合运算随 h 连续可调，h 是泛组合运算的宽容度，$h=0$ 表示组合运算的宽容度最小，如果 $x,y>e$，则 $C^e(x,y,0,k)=1$；如果 $x,y<e$，则 $C^e(x,y,0,k)=0$；

② 随着 h 从 0 到 1 连续增大，组合运算的宽容度连续增大；

③ $h=0.5$ 表示组合运算的宽容度适中，$C^e(x,y,0.5,0.5)=\Gamma^1[x+y-e]$；

④ $h=1$ 表示组合运算的宽容度最大，如果 $x,y>e$，则 $C^e(x,y,1,k)=\max(x,y)$；如果 $x,y<e$，则 $C^e(x,y,1,k)=\min(x,y)$。

(5) 泛平均运算 $M(x,y,h,k)$ 和泛组合运算 $C^e(x,y,h,k)$ 的根本差别是前者有幂等性，后者有幺元；前者在 $[x,y]$ 中取值，后者在 $[0,1]$ 中取值。

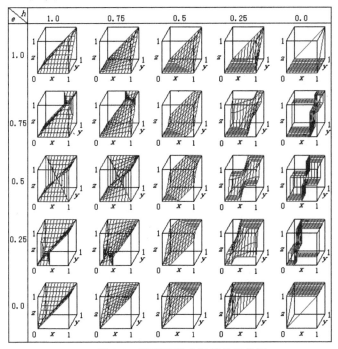

图 4-1　零级泛组合运算的三维图

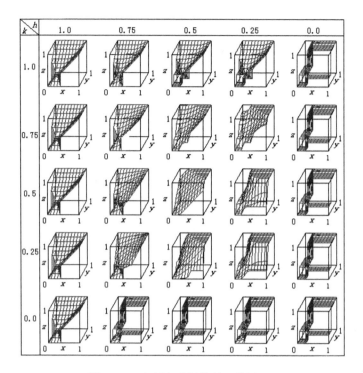

图 4-2　一级泛组合运算的三维图$(e=0.25)$

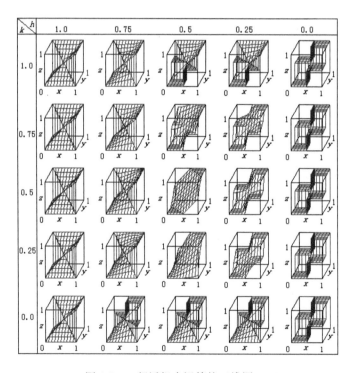

图 4-3　一级泛组合运算的三维图$(e=0.5)$

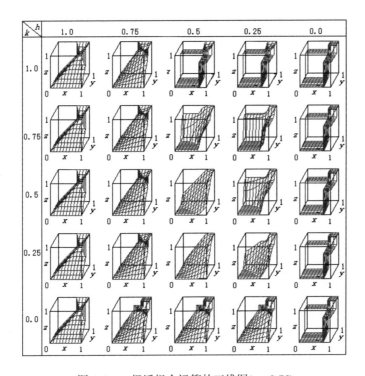

图 4-4 一级泛组合运算的三维图($e=0.75$)

泛组合运算的逻辑学意义是综合决策，它可以在[0,1]中取值，并有表示弃权的幺元 e。当真值域扩展到任意区间$[a,b]$时，或者考虑到模型中命题的重要程度不同时，相应类型的泛组合运算模型更适应实际应用的需要。

4.1.3 泛逻辑控制中的两种泛组合运算模型

为了更有效地解决复杂系统的控制问题，后续章节设计了三种类型的泛逻辑控制器，它们具有不同的内部结构，并采用不同形式的泛组合运算模型，主要是：任意区间$[a,b]$上的零级泛组合运算模型和任意区间$[a,b]$上的线性加权零级泛组合运算模型。

根据第 2 章对这两种泛组合运算模型的定义，对它们的数学表示化简，有以下结论。

1. 任意区间$[a,b]$上的零级泛组合运算模型

根据式 2-27，任意区间$[a,b]$上的零级泛组合运算模型在泛逻辑控制器中的算法实现如式 4-1，其中 $\tilde{e}$ 是$[a,b]$区间上表示弃权的幺元，x 和 y 是命题 X 和 Y 的逻辑真值，h 是命题 X 和 Y 之间的广义相关系数。

$$GC^{\tilde{e}}(\tilde{e},\ h,\ a,\ b,\ x,\ y)\{$$

if $h == 1$

　　$\{$if $(x+y) < 2\tilde{e}$　　　$z\ =\ \min(x,y);$

　　elseif $(x+y) > 2\tilde{e}$　　$z\ =\ \max(x,y);$

　　else　　　　　　　$z\ =\ \tilde{e};\}$

elseif $h == 0.75$

　　$\{$if $x+y < 2\tilde{e}$　　$z\ =\ (x-a)(y-a)/(\tilde{e}-a)+a;$

　　elseif $x+y > 2\tilde{e}$　$z\ =\ (bx+by-xy-\tilde{e}b)/(b-\tilde{e});$

　　else　　　　　　$z\ =\ \tilde{e};\}$

elseif $h == 0.5$

　　$\{$if $x+y-\tilde{e} < a$　　$z\ =\ a;$

　　elseif $x+y-\tilde{e} > b$　$z\ =\ b;$

　　else　　　　　　$z\ =\ x\ +\ y\ -\ \tilde{e};\ \}$

elseif $h == 0$

　　$\{$if $(x < \tilde{e})\ \&\ (y < \tilde{e})$　　　$z\ =\ a;$

　　elseif $(x > \tilde{e})\ \&\ (y > \tilde{e})$　　$z\ =\ b;$

　　else　　　　　　　$z\ =\ \tilde{e};\}$

else

　　$\{m\ =\ (3-4h)/(4h(1-h));$

　　if $x+y < 2\tilde{e}$

　　　　$\{tmp\ =\ \max(0,((x-a)^m+(y-a)^m-(\tilde{e}-a)^m)/(b-a)^m);$

　　　　$z\ =\ \min(\tilde{e},\ (b-a)(tmp)^{1/m}+a);\}$　　　　　　(4-1)

　　elseif $x+y > 2\tilde{e}$

　　　　$\{tmp\ =\ \max(0,((b-x)^m+(b-y)^m-(b-\tilde{e})^m)/(b-a)^m);$

　　　　$z\ =\ b+a-\min(b+a-\tilde{e},\ (b-a)(tmp)^{1/m}+a);\}$

　　else $z\ =\ \tilde{e};\}$

return$(z);\}$

2. 任意区间 $[a,b]$ 上的线性加权零级泛组合运算模型

根据式 2-34,任意区间 $[a,b]$ 上的线性加权零级泛组合运算模型在泛逻辑控制器中的算法实现如式 4-2,其中 $\tilde{e}$、x、y 和 h 的定义同式 4-1,α 和 β 分别是命题 X 和 Y 的线性加权系数。

$GCV^{\tilde{e}}(\tilde{e},h,a,b,\alpha,\beta,x,y)\{$

   $x' = \alpha x$;

   $y' = \beta y;$

   if $h == 1$

     $\{$if $x'+ y' < 2\tilde{e}$ $z = \min(x',y');$

     elseif $x'+ y' > 2\tilde{e}$ $z = \max(x',y');$

     else $z = \tilde{e};\}$

   elseif $h == 0.75$

     $\{$if $x'+ y' < 2\tilde{e}$ $z = (x'-a)(y'-a)/(\tilde{e}-a)+a;$

     elseif $x'+ y' > 2\tilde{e}$ $z = (bx'+ by'- x'y'- \tilde{e}b)/(b-\tilde{e});$

     else $z = \tilde{e};\}$

   elseif $h == 0.5$

     $\{$if $x'+ y'- \tilde{e} < a$ $z = a;$

     elseif $x'+ y'- \tilde{e} > b$ $z = b;$

     else $z = x'+ y'- \tilde{e};\}$

   elseif $h == 0$

     $\{$if $(x'<\tilde{e})$ & $(y'<\tilde{e})$ $z = a;$

     elseif $(x'>\tilde{e})$ & $(y'>\tilde{e})$ $z = b;$

     else $z = \tilde{e};\}$

   else

     $\{m = (3-4h)/(4h(1-h));$

     if $x'+ y' < 2\tilde{e}$

       $\{tmp = \max(0, ((x'-a)^m +(y'-a)^m -(\tilde{e}-a)^m)/(b-a)^m);$ (4-2)

       $z = \min(\tilde{e},(b-a)(tmp)^{1/m}+a);\}$

     elseif $x'+ y' > 2\tilde{e}$

       $\{tmp = \max(0,((b-x')^m + (b-y')^m -(b-\tilde{e})^m)/(b-a)^m);$

       $z = b+a-\min(b+a-\tilde{e}, (b-a)(tmp)^{1/m}+a);\}$

     else $z = \tilde{e};\}$

  return$(z);\}$

4.2 ULICM 的基本原理

　　泛逻辑控制是一种以泛逻辑学为逻辑基础的计算机自动控制。从线性控制与非线性控制的角度分类，泛逻辑控制是一种非线性控制；从信号传递的方向看，泛逻辑控制是一种反馈控制；从系统构成来看，泛逻辑控制的输出端和输入端之间存在反馈回路，是一种闭环控制；从控制器的智能性看，泛逻辑控制属于智能控制的范畴。由于其逻辑基础具有广泛的柔性特征，泛逻辑控制属于柔性控制，因此有很大的应用潜力。

4.2.1　泛逻辑控制系统的组成

泛逻辑控制系统作为一种典型的计算机自动控制系统，一般可以分成以下五个组成部分，其组成结构图如 4-5 所示。

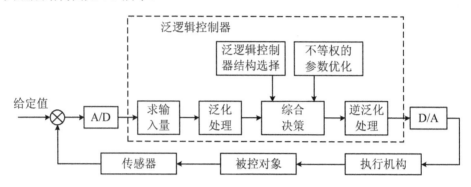

图 4-5　泛逻辑控制系统的组成结构

1. **泛逻辑控制器**

泛逻辑控制器是泛逻辑控制系统的核心部件，主要包括输入量求取模块、输入量的泛化处理模块、控制器结构选择模块、不等权的参数优化模块、以泛组合运算模型为核心的综合决策模块、综合决策模块输出量的逆泛化处理模块。

2. **输入 / 输出接口装置**

泛逻辑控制器通过输入 / 输出接口从被控对象获取数字信号，并对泛逻辑控制器的输出数字信号进行数模变换，转换为模拟信号，送给执行机构控制被控对象。

3. **被控对象**

被控对象是一种设备或装置，或是由若干个装置或设备组成的群体，它们在一定的约束下工作，以实现某种目的。从数学模型上讲，被控对象可能是单变量或多变量的，可能是线性的或非线性的，可能是定常的或时变的，可能是一阶的或高阶的，也可能是混合多种特性的。需要指出的是，被控对象缺乏精确数学模型时适合选择泛逻辑控制，但对于有较精确数学模型的被控对象（如线性系统），也可以采用泛逻辑控制方案。

4. **检测装置**

检测装置一般包括传感器和变送装置。它们检测各种非电量并转换为标准的电信号，其精度往往直接影响整个控制系统的精度，因此要注意选择精度高且稳定性好的传感器。

5. 执行机构

执行机构是泛逻辑控制系统中向被控对象施加控制作用的装置，如各种调节阀。执行机构实现的控制作用常常表现为使角度、位置发生变化，因此它往往由伺服电机、步动电机、气动调节阀、液压阀等加上驱动装置组成。

4.2.2 泛逻辑控制的基本原理

1. 泛逻辑控制的算法

泛逻辑控制的主要过程是：计算机经中断采样获取被控制量，然后将此量与给定值比较得到控制器的输入（一般为误差 e、误差变化 $\dot{e}$ 等）；对输入量作泛化处理，转换成泛逻辑控制器可以处理的 $[a,b]$ 区间上的对应量（如 e'、$\dot{e}'$ 等）；采用以泛组合运算模型为核心的综合决策模块进行决策，得到 $[a,b]$ 区间上的控制量 u'；对 u' 逆泛化，转化成实际工作区间的控制量 u；u 经数模转换变为模拟量送给执行机构，用于完成该控制周期内对被控对象的控制。然后，中断等待下一次采样，进行类似的控制过程……。以此循环，实现对被控系统的泛逻辑控制。

综上所述，每一个控制周期内的控制过程可概括为以下几个步骤。

(1) 求控制器的输入量

根据本次中断采样获得的系统状态量，计算泛逻辑控制器的输入变量，通常为被控量和给定值比较得到的误差 e。为了提高控制效果，有时也会将误差变化 $\dot{e}$、误差变化的变化 $\ddot{e}$ 作为控制器的第二个和第三个输入。这里 e、$\dot{e}$ 和 $\ddot{e}$ 都是系统实际工作的状态空间 W 上的精确量。

(2) 输入量的泛化处理

步骤(1)得到的输入变量在被控系统实际工作的状态空间 W 上变化，例如对于某倒立摆控制系统而言，控制器的输入——位移误差 e 在最小位移误差和最大位移误差之间变化。而作为泛逻辑控制器核心的泛组合运算模型在区间 $[a,b]$ 上工作，显然 e 的论域 W_e 不同于 $[a,b]$。为使泛逻辑控制器正常工作，要将位移误差 e 转换为 $[a,b]$ 区间上的对应量 e'，该转换过程即输入量的泛化过程。

(3) 综合决策

综合决策模块根据泛化了的输入变量，确定泛逻辑控制器的输出。该模块的设计基于结构选择模块和不等权的参数优化模块。

结构选择模块通过分析被控对象的物理特性和系统的控制目标，首先确定控制器的维数，然后根据输入变量的数目将不同形式的泛组合运算模型串联或者并联（在并联情况下，多个泛组合运算模型的输出以线性加权和或泛组合的方式综合），从而确定综合决策模块的内部结构。

不等权的参数优化模块沿用 ICM-LG 的参数优化方法，基于遗传算法对泛逻辑控制器的参数进行寻优，控制参数的评价函数既要反映出被控系统各控制子目标的优先级不同（优先级高的控制子目标，控制的重要程度较高，优先级低的控制子目标，控制的重要程度较低），又要反映出实际应用中不同系统的具体控制要求不同（如某些控制系统看重控制的快速性，某些控制系统则对控制的稳定性要求更高）。

结构选择模块和不等权的参数优化模块只用于离线地设计综合决策模块，一旦通过结构选择模块确定了综合决策模块的内部结构，通过不等权的参数优化模块确定了泛逻辑控制器的控制参数，这两个模块就不再参与对被控对象的在线实时控制。实际控制过程中，只需要对泛化了的控制输入进行综合决策，就可以得到控制输出 u'。

(4) 控制输出量的逆泛化处理

步骤(3)得到的控制量 u' 在区间 $[a,b]$ 上变化，但对某特定的被控系统而言，控制输出应该能完成对系统的有效控制，即控制量 u 应该在实际系统的控制量状态空间 W_u 上变化。例如对某倒立摆控制系统而言，综合决策模块的输出量是控制力 u'，$u' \in [a,b]$，而实际可行的控制力 u 应该在被控对象所能接受的最小控制力和最大控制力之间，即 W_u 上变化，显然，u 的论域 W_u 不同于 u' 的论域 $[a,b]$。因此，要将 $[a,b]$ 上的控制量 u' 转换为 W_u 上的对应量 u，该转换过程就是输出量的逆泛化过程。经逆泛化处理得到的实际控制量 u 可传送给执行机构用于系统控制。

2. 泛逻辑控制过程的举例说明

下面以图 3-3 所示的一级倒立摆系统的稳定控制为例，进一步说明泛逻辑控制的原理。

一级倒立摆系统的稳定控制目标为"摆杆在垂直方向上稳定、小车在平衡位置附近运动"，被控量为小车位移、下摆角度、小车速度和下摆角速度，分别用 x、θ_1、$\dot{x}$ 和 $\dot{\theta}_1$ 表示。规定摆杆垂直向上时的角度为 0rad，顺时针运动为正，小车的起始位移为 0m，向左运动为正，控制力 u 向左为正。因此控制目标可归纳为：$x \to 0, \theta_1 \to 0, \dot{x} \to 0, \dot{\theta}_1 \to 0$。采用泛逻辑控制方法对系统进行稳定控制时，每个周期内的控制步骤如下。

(1) 求泛逻辑控制器的输入变量

由于控制目标为 $x \to 0, \theta_1 \to 0, \dot{x} \to 0, \dot{\theta}_1 \to 0$，因此泛逻辑控制器的输入为式 4-3，即 $[x, \theta_1, \dot{x}, \dot{\theta}_1]$。

$$e_x = x - 0 = x; e_{\theta_1} = \theta_1 - 0 = \theta_1; e_{\dot{x}} = \dot{x} - 0 = \dot{x}; e_{\dot{\theta}_1} = \dot{\theta}_1 - 0 = \dot{\theta}_1 \tag{4-3}$$

(2) 输入变量的泛化

由于导轨的长度有限（本书所采用的实验系统的导轨长度略小于 1m），当小车初始位置在导轨中心时，x 的变化范围为 $[-0.5, 0.5]$。

由于摆杆可以绕转轴转动，故 θ_1 的变化范围是 $[-2\pi, 2\pi]$。但值得注意的是，稳定控制初期摆杆由实验人员手动抬起到 0 rad 附近，控制过程中，当 $|\theta_1| > \alpha$，$\alpha \in [0, \pi/2]$ 时，稳定控制失败。

同时，在稳定控制成功实现的情况下，小车和下摆不会剧烈抖动，即小车速度和下摆角速度的绝对值分别应该不超过某个界限 $\dot{x}\_max$ 和 $\dot{\theta}_1\_max$（它们是两个可以大致确定的常数）。因此 $\dot{x}$ 的变化范围是 $[-\dot{x}\_max, \dot{x}\_max]$，$\dot{\theta}_1$ 的变化范围是 $[-\dot{\theta}_1\_max, \dot{\theta}_1\_max]$。

当综合决策模块内部采用 $[a, b]$ 区间的零级泛组合运算模型时，分别对四个输入变量乘以各自的泛化因子，将它们转化为 $[a, b]$ 区间对应的泛化量，即 $[x', \theta_1', \dot{x}', \dot{\theta}_1']$。

(3) 综合决策

在对倒立摆系统稳定控制之前，首先要由结构选择模块和不等权的参数优化模块离线地确定综合决策模块的内部结构和相关控制参数。

鉴于系统的输入变量有四个，因此综合决策模块包含两个 $[a, b]$ 区间上的泛组合运算模型。又因为整个控制系统可以分为小车子系统和下摆子系统两部分，每个子系统内部各有两个紧密耦合的状态变量，即小车位移和小车速度，下摆角度和下摆角速度。所以，两个泛组合运算模型的输入分别是小车位移和小车速度、下摆角度和下摆角速度，它们分别用于解决小车子系统和下摆子系统的控制问题。两个泛组合运算模型的输出分别表示施加给小车子系统和下摆子系统的控制力。然而，对于单电机驱动的倒立摆而言，控制力只能施加在小车上，所以采用线性加权求和或者线性加权泛组合的形式对这两个控制力进行综合。

综合决策模块的内部结构确定之后，需要用不等权的参数优化模块对控制参数进行优化。待优化的控制参数主要有以下几类：泛组合运算模型的广义相关系数、输入量的泛化因子、输出量的逆泛化因子、线性加权求和模块的加权系数或线性加权泛组合运算模型的加权系数。

具有确定内部结构和控制参数的综合决策模块可以对 $[x', \theta_1', \dot{x}', \dot{\theta}_1']$ 进行综合决策，进而得到控制输出量 u'。

(4) 控制输出量的逆泛化

显然 $u' \in [a, b]$，然而能实现系统稳定的控制力 u 应该在一个实际有效的空间内变化，这个力不能太小，否则无法驱动整个系统运动，也不能太大，否则各个状态变量会急速超

过正常变化范围，导致稳定控制器失效。在本书实验所采用的倒立摆实物系统中，通常 $2<|u|<60$。

通过对 u' 乘以一个适当大小的逆泛化因子，得到控制器的有效输出 u，用于系统控制。

以上是泛逻辑控制器在每一个控制周期内的任务流程。将 u 施加给小车后，系统状态变量会随之发生变化。在下一个控制周期，中断采样获得新的系统状态变量，从步骤(1)开始进行新一轮控制，周而复始，最终实现控制任务。

4.2.3　泛逻辑控制的特点

泛逻辑控制是一种以泛逻辑学为逻辑基础、以泛组合运算模型为控制器核心的柔性智能控制，它有以下特点。

(1) 泛逻辑控制作为一种智能控制方法，不像经典控制和现代控制那样依赖系统模型的精确性，尤其适合处理具有非线性、时变性、变结构、不确定性、多层次、多因素等特点的、难以获得精确数学模型的复杂被控对象的控制问题。

(1) 泛逻辑控制的思想可以概括为采用泛组合运算模型对控制输入进行综合决策。泛组合运算模型是泛逻辑中一种重要的二元泛命题连接词，有 e、h、k 三个典型的形参。其中：①h 是广义相关系数，刻画了模型的输入命题之间的相关性，因此，泛逻辑控制器输入变量之间的相互关系直接影响到了最终控制输出的决策；②k 是广义自相关系数，刻画了模型的输入命题和输入命题的非命题之间的相关性，因此，泛逻辑控制器输入变量的测量误差也会直接影响控制输出的决策；③e 是决策门限，可以在区间 $[a,b]$ 上连续变化，反映了实际生活中不同人群对同一问题的不同评价标准。这三个参数的引入是泛逻辑控制理论区别于其他智能控制理论的重要特征，而模糊逻辑控制、拟人智能控制、仿人智能控制、神经网络控制等其他智能控制理论都没有考虑或很少考虑到这些因素的影响，这使得泛逻辑控制更适于解决系统输入量之间的耦合关系和测量误差等难以忽略不计的控制问题。

(2) 泛逻辑控制以具有广泛柔性特征的泛逻辑学为基础，在控制过程中，控制器的输入变量是连续可变的，对不同的被控对象而言，输入变量之间的相互关系、输入变量的测量误差和决策门限也是连续可变的。可以说，泛逻辑的命题真值柔性、连结词柔性等使得泛逻辑控制成为一种具有柔性特性的智能控制理论。

(3) 泛逻辑控制以具有广泛柔性特征的泛逻辑学为基础，在控制过程中，控制器的输入变量是连续可变的，对不同的被控对象而言，输入变量之间的相互关系、输入变量的测量误差和决策门限也是连续可变的。可以说，泛逻辑的命题真值柔性、连接词柔性等使得泛逻辑控制成为一种具有柔性特性的智能控制理论。

(4) 泛逻辑控制器的设计对被控对象的变化不像其他智能控制器那样敏感和具有很强的针对性。例如拟人智能控制器，它通过分析被控对象的物理本质得到定性的控制规律，一旦被控对象改变，就必须重新分析其本质特性；又如神经网络控制器，网络模型本身就依赖于被控对象的状况；再如模糊控制器，它建立在专家经验基础上，一旦被控对象发生改变，控制规则库就需要重新设计，控制器本身也会改变。泛逻辑控制器基于泛逻辑学中的泛组合运算模型簇，它受广义相关系数控制，只要根据情况适当增加或减少泛组合运算模型的数目，就可以通过合适的控制参数完成控制，控制器设计与系统的物理本质，以及专家的控制经验关系不大。

(5) 泛逻辑控制器设计中采用不等权的参数优化模块对控制参数进行优化，优化过程对不同的输入变量和不同控制周期的控制效果赋予不同的权值，使系统的动态性能更能反映各个控制子目标优先级的不同，以及对控制快速性、稳定性等要求侧重点的不同。

4.3 ULIC 的设计方法和步骤

泛逻辑控制器可以简称为泛控制器（Universal Controller，UC），它包括输入量的泛化、结构选择、不等权的参数优化、综合决策和输出量的逆泛化等几个重要模块。设计具有适当内部结构和较优控制参数的泛逻辑控制器是控制目标成功实现的前提，泛逻辑控制器的设计主要包括以下几项内容。

(1) 确定泛逻辑控制器的内部结构。

(2) 选择恰当类型的泛组合运算模型。

(3) 确定泛逻辑控制器的论域。

(4) 确定输入量的泛化方法和输出量的逆泛化方法。

(5) 对相关控制参数进行不等权的参数寻优。

(6) 编写泛逻辑控制算法的应用程序。

(7) 合理选择泛逻辑控制算法的采样时间。

4.3.1 结构选择模块

泛逻辑控制器的结构选择模块完成控制器的结构设计任务，是根据被控系统的物理特性和控制目标，选择合适的输入变量和输出变量，确定综合决策模块的内部结构，并为控制器选取适当的泛组合运算模型。

1. 输入量和输出量的确定

泛逻辑控制是一种智能控制，在控制器设计时究竟选择哪些变量作为输入信息量和输出决策量，要深入研究人在手动控制过程中是如何获取信息、输出信息的。因为归根结底，作为控制器核心的综合决策模块模拟的恰恰是人脑在控制中的综合决策作用。

一般将有人参与的人工控制过程称为手动控制，这是一种典型的人－机系统。人在参与控制时，首先要分析系统的控制要求，确定几个主要的被控制量，这些被控制量往往是可以观察得到的系统状态变量或者是系统状态变量的某种形式的变换。人在手动控制过程中需要完成的任务就是根据观察到的系统状态变量或其变换形式，确定最终的输出量。

在手动控制过程中，人所能获取的信息量基本有三种。

(1) 误差；

(2) 误差的变化；

(3) 误差变化的变化。

在手动控制过程中，人输出的信息量一般是一个控制量。

在人－机系统中，人对于误差、误差变化以及误差变化的变化的敏感程度是有差异的。一般来说，人对误差最敏感，其次是误差的变化，再次是误差变化的变化。

因此，泛逻辑控制器输入和输出变量的选择可以模仿手动控制过程中信息量的选择，选取误差、误差变化、甚至误差变化的变化作为控制器输入，选取控制量作为控制器输出。不难发现，输入变量选取的越多，控制越精细，但同时控制的复杂程度也会随之提高。

2. 综合决策模块内部结构的确定

通常将泛逻辑控制器输入变量的数目称为泛逻辑控制（器）的维数。以下根据维数的不同，分别给出几种泛逻辑控制器的结构。

(1) 一维泛逻辑控制器结构

一维泛逻辑控制器只有一个输入变量，所以综合决策模块内部只包含一个泛组合运算模型。但是，泛组合运算模型是有两个命题真值输入的二元命题连接词，因此可以将该输入（如 x）的某种变换（如 x 的一阶导数 $\dot{x}$）作为控制器的另一个输入。同时，在不等权的参数优化模块中，大大增加 x 的控制效果在整个控制效果中的影响因子，大大降低 $\dot{x}$ 的控制效果在整个控制效果中的影响因子，即增大 x 控制的优先级，降低 $\dot{x}$ 控制的优先级，从而保证泛逻辑控制器的控制目标是完成对输入 x 的最佳控制。

对于复杂被控系统而言，几乎不会出现只有一个输入变量况，因此一维泛逻辑控制器很少使用。其结构如图 4-6 所示，图中 x 为输入变量，x' 和 $\dot{x}'$ 是输入变量和它的一阶导数的泛化量，u' 是综合决策模块的决策结果，u' 经逆泛化因子处理后得到泛逻辑的控制输出 u。

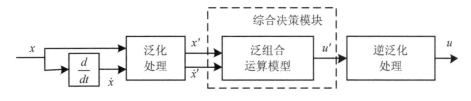

图 4-6　一维泛逻辑控制器结构

(2) 二维泛逻辑控制器结构

二维泛逻辑控制器有两个输入变量，所以综合决策模块内部包含一个泛组合运算模型。控制器的两个输入变量经泛化因子泛化后恰好可以作为泛组合运算模型的输入。二维泛逻辑控制器是高维泛逻辑控制器结构设计的基础，常在高维泛逻辑控制器中用于实现控制子目标。

二维泛逻辑控制器的结构如图 4-7 所示。图中 x 和 y 为控制器的输入变量，x' 和 y' 是输入变量的泛化量，u' 是综合决策模块的决策结果，它经逆泛化模块处理后得到泛逻辑控制器的输出 u。

图 4-7　二维泛逻辑控制器结构

(3) 三维泛逻辑控制器结构

三维泛逻辑控制器有三个输入变量，因此综合决策模块用两个泛组合运算模型串联构成，如图 4-8 所示。

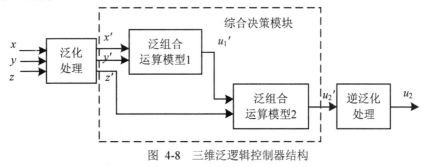

图 4-8　三维泛逻辑控制器结构

同时,模拟人参与控制的经验,选择三个输入变量中耦合程度大的两个作为泛组合运算模型 1 的输入,其输出与第三个输入变量作为泛组合运算模型 2 的输入。否则,如果三个输入变量两两之间的耦合程度接近,则可任意组合其中两个作为泛组合运算模型 1 的输入。图中 x、y 和 z 为输入变量,x'、y' 和 z' 是输入变量的泛化量,三个输入变量中 x 和 y 的耦合程度更高,u_1' 是泛组合运算模型 1 的输出,u_2' 是泛组合运算模型 2 的输出,u_2' 经逆泛化处理得到泛逻辑控制器的输出 u_2。

(4) 四维泛逻辑控制器结构

四维泛逻辑控制器有四个输入变量,故综合决策模块可由三个泛组合运算模型串联构成或由两个泛组合运算模型并联构成。

图 4-9 所示的泛逻辑控制器中,综合决策模块由三个泛组合运算模型串联构成,比较适合四输入中两个耦合程度较高,其余两个相互关系不大的情况。图中 x、y、z 和 w 为输入变量,x'、y'、z' 和 w' 是输入变量的泛化量,四个输入变量中 x 和 y 的耦合程度较大,z 和 w 的关系不大,u_1'、u_2' 和 u_3' 分别是泛组合运算模型 1、2 和 3 的输出,u_3' 经逆泛化处理后成为泛逻辑控制器的输出 u_3。

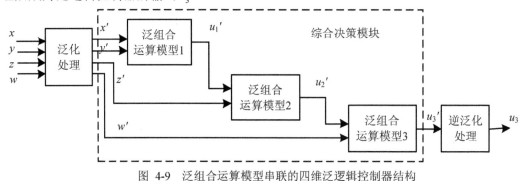

图 4-9 泛组合运算模型串联的四维泛逻辑控制器结构

图 4-10 所示的泛逻辑控制器中,综合决策模块由通过线性加权求和模块并联连接的两个泛组合运算模型构成,比较适合四输入中两两耦合程度较高,且两个泛组合运算模型输出的耦合程度较低的情况,对应实际应用中被控系统可以分解成两个相互独立或耦合程度不大的子系统的情况。图中 x 和 y、z 和 w 的耦合程度较大,u_1' 和 u_2' 分别是泛组合运算模型 1 和 2 的输出,u_1' 和 u_2' 所代表的物理量的耦合程度不高,经逆泛化处理后为 u_1 和 u_2,u_3 是 u_1 和 u_2 的线性加权和,即泛逻辑控制器输出。

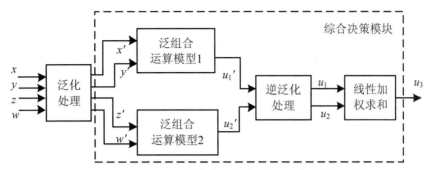

图 4-10　泛组合运算模型并联的四维泛逻辑控制器结构 I

图 4-11 所示的泛逻辑控制器与图 4-10 的类似，只是用一个泛组合运算模型代替了线性加权求和模块，比较适合四输入中两两耦合程度较高，且两个泛组合运算模型输出的耦合程度也较高的情况，对应实际应用中被控系统可以分解成两个紧密耦合的子系统的情况。图中 u_1' 和 u_2' 所代表的物理量的耦合程度比较高，u_3' 是 u_1' 和 u_2' 的泛组合，经逆泛化处理后成为 u_3，即泛逻辑控制器输出量。

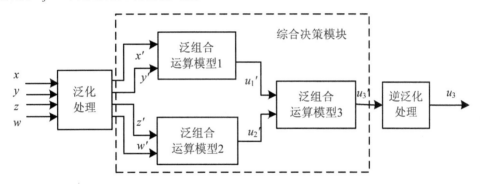

图 4-11　泛组合运算模型并联的四维泛逻辑控制器结构 II

值得注意的是，如果四个输入两两之间的耦合程度都不大，则可以选择图 4-9 到图 4-11 的任意一种泛逻辑控制器结构。但在采用相同形式的泛组合运算模型时，由于图 4-9 和图 4-11 都包含三个泛组合运算模型，控制参数的个数要明显多于图 4-10 所示的控制器参数个数，因此在这种情况下，更适宜采用图 4-10 所示的泛逻辑控制器结构。

(5)　多维泛逻辑控制器结构

四维以上的泛逻辑控制器结构设计与四维泛逻辑控制器类似，综合决策模块可以由多个泛组合运算模型串联或并联构成，每个泛组合运算模型的输入通常是两个耦合程度较大的输入变量。

在多个泛组合运算模型并联的情况下，各模型的输出可以采用线性加权求和的形式综合（对应于被控系统可以分解成多个相互独立或耦合程度不大的子系统的情况），也可以采用泛组合运算的形式综合（对应于被控系统可以分解成多个紧密耦合的子系统的情况）。控制器的具体内部结构如图 4-12～图 4-14 所示。图中 x_i 为输入变量，x_i' 为输入变量的泛化量，u_i' 是泛组合运算模型 i 的输出。

图 4-12 为由多个泛组合运算模型串联构成的 n 维泛逻辑控制器结构，用到 $n-1$ 个泛组合运算模型，控制器的输出是 u_{n-1}。这种结构比较适合多个输入量两两之间耦合程度不大的情况。

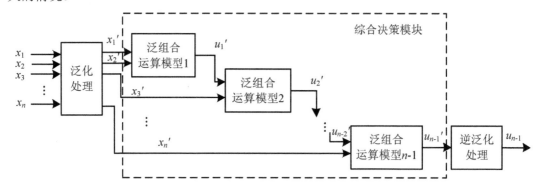

图 4-12　泛组合运算模型串联的 n 维泛逻辑控制器结构

图 4-13 为由多个泛组合运算模型并联构成的 n 维泛逻辑控制器结构，线性加权求和模块综合了各泛组合运算模型的输出，控制器的输出是 u_{m+1}。这种结构比较适合被控系统可以分解成多个相互独立或耦合程度不大的子系统的情况。值得注意的是，图 4-13 所示的结构只适用于 n 为偶数的情况，此时 $m = n/2$。如果 n 为奇数，则要增加一个泛组合运算模型，解决最后一个被控制量的控制问题。

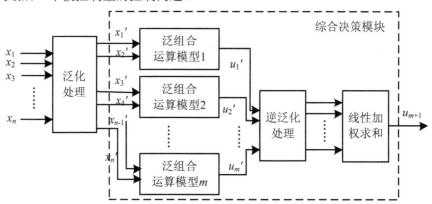

图 4-13　泛组合运算模型并联的 n 维泛逻辑控制器结构 I

对于被控系统可以分解成多个互相紧密耦合的子系统的情况，可以采用图 4-14 所示的泛逻辑控制器结构，控制器的输出是 u_t。类似的，该结构也是针对 n 为偶数的情况，如果 n 为奇数，则要相应地增加一个泛组合运算模型。在该泛逻辑控制器设计时，由于泛组合运算模型较多，造成待优化的控制参数数目增大，给控制器设计带来一定难度，因此要慎重选择。

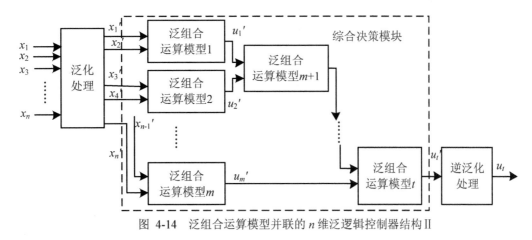

图 4-14 泛组合运算模型并联的 n 维泛逻辑控制器结构 Ⅱ

3. 泛组合运算模型的选择

泛逻辑控制器中的泛组合运算模型主要有两种形式：任意区间 $[a,b]$ 上的零级泛组合运算模型和任意区间 $[a,b]$ 上的线性加权零级泛组合运算模型。选择 $[a,b]$ 区间是由于 $[0,1]$ 区间对于包含多个变量的实际系统而言太小了，泛化过程可能丢失大量有用的信息。而选择 $[a,b]$ 区间上的线性加权形式则可以实现对被控系统更细致有效地控制。

在多个泛组合运算模型并联构成泛逻辑控制器时，还要根据情况确定多个泛组合运算模型输出量的综合方式，主要有两种：线性加权求和的形式和泛组合的形式，前者适宜于多个控制子系统相互独立或耦合程度不大的情况，后者则对多个控制子系统紧密耦合的情况更有效。

值得注意的是，在图 4-14 所示的多维泛逻辑控制器结构中，由于综合决策模块包含了多个泛组合运算模型，待寻优的控制参数个数比较多。为了提高控制参数离线寻优的效率，用于实现控制子目标的泛组合运算模型 $1 \sim m$ 尽量不采用线性加权的形式。同时，为了提高控制效果，应该对各个子系统的控制优先级加以区分，故用于对子控制器输出进行综合的泛组合运算模型 $m+1 \sim t$ 尽量选择线性加权的形式。

综上所述，当被控对象可以分解成多个互相耦合的子系统时，其泛逻辑控制器结构大致有以下三种形式。

(1) 子控制器采用任意区间 $[a,b]$ 上的零级泛组合运算模型，各个子控制器的输出用线性加权求和模块综合的泛逻辑控制器 ULC_Ⅰ；

(2) 子控制器采用任意区间 $[a,b]$ 上的线性加权零级泛组合运算模型，各个子控制器的输出用线性加权求和模块综合的泛逻辑控制器 ULC_Ⅱ；

(3) 子控制器采用任意区间 $[a,b]$ 上的零级泛组合运算模型，各个子控制器的输出用任意区间 $[a,b]$ 上的线性加权零级泛组合运算模型综合的泛逻辑控制器 ULC_Ⅲ。

4.3.2 泛化和逆泛化模块

1. 论域和基本论域的选择

在泛逻辑控制系统中，将控制器输入变量（如误差、误差变化、误差变化的变化）的实际变化范围定义为这些变量的基本论域。显然，基本论域内的量是系统状态空间内的精确值。设误差的基本论域为 $[-x_e, x_e]$，误差变化的基本论域为 $[-x_{\dot e}, x_{\dot e}]$，误差变化的变化的基本论域为 $[-x_{\ddot e}, x_{\ddot e}]$。

将泛逻辑控制器的输出变量，即被控对象实际需要的控制量（如控制力、控制电压等）的实际变化范围定义为泛逻辑控制器输出变量的基本论域。设输出变量的基本论域为 $[-y_u, y_u]$。

泛逻辑控制器输入变量、输出变量基本论域的选择基于对被控对象的粗略观察，大致确定其范围即可。

泛逻辑控制器的核心是泛组合运算模型，一般将泛组合运算模型的变化范围 $[a,b]$ 称为泛逻辑控制器的论域。

关于泛逻辑控制器论域的选择，一般取 a 和 b 为两个大小相等、符号相反的整数量。原因如下：

(1) a、b 定义为整数是为了泛组合运算模型的方便实现；

(2) a、b 符号相反是为了简化幺元的选取过程，如果 $[a,b]$ 关于原点对称，在最一般的情况下，表示弃权的幺元选为零。

而且，a 和 b 的绝对值不能太大，否则控制器对输入量的变化太敏感，造成控制量的剧烈震荡，降低了控制效果；也不能太小，否则无法准确反映输入量的精细变化，通常选择 $b = -a = 8$、$b = -a = 10$、$b = -a = 12$ 等。

2. 输入量的泛化和泛化因子的选择

由以上对泛逻辑控制器论域和基本论域的定义可知，在每一个泛逻辑控制周期内，泛化处理模块都要通过对输入变量乘以一个泛化因子，将其从基本论域内的实际量转换为 $[a,b]$ 区间上的对应量，这个过程就是前文描述的输入量的泛化过程。

设 x 为泛逻辑控制器的输入变量，它的泛化因子用 K_x 表示，x 转化为 $[a,b]$ 区间上的 x' 的泛化过程如式 4-4 所示。

$$x' = K_x \cdot x \tag{4-4}$$

x 的基本论域为 $[-x_{in}, x_{in}]$，泛逻辑控制器的论域为 $[-m,m]$ 时，K_x 的大小大致可以根据式 4-5 中的 K'_x 确定。

$$K'_x = m / x_{in} \tag{4-5}$$

然而，尽管泛逻辑控制器的基本论域和论域都是可以事先确定的精确值，却不能直接以式 4-5 定义 K_x，即 $K_x \neq K'_x$。这主要是因为：在大多数情况下，输入变量 x 是在基本论域的某个子域内高频活动的，很少到达基本论域的边界，而且随着控制过程的进行，x 会逐渐趋近于控制目标，控制成功后主要在目标位置附近震荡。例如在倒立摆稳定控制系统中，下摆角度误差是控制器的输入之一，其基本论域可事先设定为 $[-0.8\,\text{rad}, 0.8\,\text{rad}]$，随着控制的进行，除非控制失败或受到很大干扰，下摆角度误差大部分时间在 0 rad 附近徘徊，不会达到基本论域的边界 ±0.8 rad 处。

由此可见，为了保证控制的精确性，泛化的目的应该是保证输入变量基本论域内以高频率出现的输入量泛化后能均匀分布在泛逻辑控制器论域内，而在基本论域边界附近的、以较低频率出现的输入量泛化后一律归到泛逻辑控制器论域的边界，该过程如图 4-15 所示，其中基本论域和论域内的值都是连续可变的。

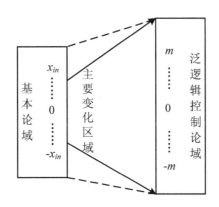

图 4-15 输入量的泛化过程

故式 4-4 中，对 x 的泛化算法应该修正为下式。

$$x' = ite\{m \mid K_x \cdot x > m ; -m \mid K_x \cdot x < -m ; K_x \cdot x\} \tag{4-6}$$

值得注意的是，以上分析是在输入变量基本论域关于原点对称的情况下进行的，如果基本论域关于原点不对称，只要遵循以上提到的泛化原则，对泛化过程稍作调整即可。

设计一个好的泛逻辑控制器，除了要根据被控对象的特征选择简单有效的控制器结构外，还要合理地确定各输入变量的泛化因子，因为它们对控制系统的性能也有很大影响。

例如，对于一个具有两输入 x 和 y 的泛逻辑控制系统而言，可以采用图 4-7 描述的泛逻辑控制器结构，设它们的泛化因子分别是 K_x 和 K_y。

当增大 K_x 时，从理论上讲加强了对变量 x 的控制作用。如果此时 x 和 y 分别代表某系统变量的误差和误差变化，则随着 K_x 的增大，对误差的控制作用增强，导致系统的调节时间变短，但同时容易出现超调。

当增大 K_y 时，从理论上讲加强了对变量 y 的控制作用。如果此时 x 和 y 分别代表某系统变量的误差和误差变化，则随着 K_y 的增大，对误差变化的控制作用增强，K_y 越大，对系统超调的抑制越强，但系统的控制速度变慢，调节时间变长。

3. 输出量的逆泛化和逆泛化因子的选择

泛逻辑控制器中逆泛化模块完成的是泛化模块的逆任务，在每一个控制周期最后，要将综合决策模块决策出的 $[a,b]$ 区间上的输出量 u'，转换成其基本论域内的控制量 u，从而保证控制器对被控对象的有效控制。

设泛逻辑控制器输出变量 u 的基本论域是 $[-u_{out}, u_{out}]$，泛逻辑控制器的论域是 $[-m, m]$，输出量的逆泛化因子用 K_u 表示，根据式 4-7 对 u' 逆泛化。

$$u = K_u \cdot u' \tag{4-7}$$

$$K_u' = u_{out} / m \tag{4-8}$$

但是，K_u 不能根据式 4-8 中的 K_u' 简单地得出，这是因为对被控对象的有效控制量可以在一个较大的范围，如 $[-u_{max}, -u_{min}] \cup [u_{min}, u_{max}]$ 内变化，基本论域的边界 $u_{out} \in [u_{min}, u_{max}]$。如果 u_{out} 选择过小，则控制缓慢，系统调节时间长；如果 u_{out} 选择过大，则系统容易出现超调。故式 4-8 中的 u_{out} 也是一个需要经验支持的未知量。

逆泛化因子也和泛化因子一样，对泛逻辑控制系统的动态特性有重要影响：作为控制器的总增益，K_u 选择过小会使系统的动态响应时间变长，而 K_u 选择过大又会导致系统震荡。而且，由于泛逻辑控制属于反馈控制的范畴，K_u 的大小又会反过来影响控制器的输入。

4.3.3 不等权的参数优化模块

控制参数的优化是泛逻辑控制器设计的重要组成部分，对某个具体的泛逻辑控制系统而言，其参数优化包括：

(1) 对输入量的泛化因子和输出量的逆泛化因子进行优化；

(2) 对综合决策模块内部各个泛组合运算模型的广义相关系数进行优化；

(3) 如果综合决策模块由通过线性加权求和模块并联连接的多个泛组合运算模型构成，还要对线性加权求和模块的加权系数进行优化；

(4) 如果选择了线性加权形式的零级泛组合运算模型，还要对泛组合运算模型输入量的权值进行优化。

例如具有图 4-11 所示结构的 ULC_III 型泛逻辑控制器，待优化的参数有：四个输入变

量的泛化因子 K_x、K_y、K_z 和 K_w，三个泛组合运算模型的广义相关系数 h_1、h_2 和 h_3，泛组合运算模型 3 的两个输入量 u_1' 和 u_2' 在模型中的权值 k_1 和 k_2，以及泛逻辑控制器的逆泛化因子 K_u。

泛逻辑控制器的参数优化模块沿用 ICM-LG 的基于遗传算法的不等权的参数优化模块，在遗传法的评价函数设计时，通过给不同状态变量赋予不同权值使系统各个控制子目标具有不同的优先级，通过给不同控制周期的控制效果赋予不同权值使控制过程更能反映对系统动态性能要求侧重点的不同，评价函数的具体定义见式 3-19。

值得指出的是，针对某个被控对象的泛逻辑控制参数不是唯一的，它们可能是多维参数空间上几组不同的值，都能使系统获得较好的响应特性。因此，采用内部算法完全一致的不等权的参数优化模块对同一个系统进行两次参数优化，可能得到不完全相同的控制参数。而且，对于比较复杂的控制过程，有时采用一组控制参数无法有效完成控制任务，这就需要将整个控制目标划分成不同的实现阶段，并分别针对每一个阶段的控制目标设计控制器。自然，最终的控制目标是由多组控制参数综合实现的。

4.4 本章小结

考虑到智能控制对柔性逻辑的需求，本章基于具有更广泛柔性意义的泛逻辑学，提出一种新的基于泛组合运算模型的柔性智能控制方法。

泛逻辑学中的泛组合运算模型的逻辑学意义是综合决策，可以用于智能控制器的核心决策模块，它在 [0,1] 中取值，有表示弃权的幺元 e，也有表示控制器输入关系的广义相关系数。为了使泛组合运算模型更适应实际控制的需要，实际控制中主要采用任意区间 $[a,b]$ 上的零级泛组合运算模型，或者任意区间 $[a,b]$ 上的线性加权零级泛组合运算模型。

泛逻辑控制器是泛逻辑控制系统的核心部件，主要包括输入量求取模块、输入量的泛化处理模块、控制器结构选择模块、不等权的参数优化模块、以泛组合运算模型为核心的综合决策模块、以及对决策输出量的逆泛化处理模块。根据被控对象中子系统的耦合情况，可以将泛逻辑控制器分为以下三种形式。

(1) 子控制器采用任意区间 $[a,b]$ 上的零级泛组合运算模型，各个子控制器的输出用线性加权求和模块综合的泛逻辑控制器 ULC_Ⅰ；

(2) 子控制器采用任意区间 $[a,b]$ 上的线性加权零级泛组合运算模型，各个子控制器的输出用线性加权求和模块综合的泛逻辑控制器 ULC_Ⅱ；

(3) 子控制器采用任意区间 $[a,b]$ 上的零级泛组合运算模型，各个子控制器的输出用任意区间 $[a,b]$ 上的线性加权零级泛组合运算模型综合的泛逻辑控制器 ULC_Ⅲ。

本章 4.2 节和 4.3 节分别对泛逻辑智能控制的原理、特点和设计方法进行了详细说明。

第5章 智能控制模型 ULICM 的应用

从对 ULICM 逻辑基础的理论分析可知，泛逻辑控制虽然更适合于解决复杂对象的控制问题，但对于内部结构比复杂系统更简单的被控对象，泛逻辑控制器也应该能实现对其的有效控制。本章将分别以典型线性系统和非线性系统为被控对象，验证泛逻辑控制理论的实际有效性。

5.1 ULICM 对线性系统的控制

本书在第 1 章中已经描述了叠加性和齐次性的基本定义，在自动控制理论中，具有叠加性和齐次性的元件被称为线性元件，不具有叠加性和齐次性的元件被称为非线性元件。如果组成系统的各元件均为线性元件，该系统被称为线性系统；如果组成系统的各元件不全为线性元件，则该系统被称为非线性系统。

显而易见，线性系统由于具有叠加性和齐次性，可以用线性方程描述，其系统分析非常容易。然而实际系统往往是非线性系统，分析起来很困难。这时，如果在一定条件一定范围内，用线性方程来近似描述非线性系统（即对非线性系统方程线性化），对系统的控制性能影响又不大的话，泛逻辑控制理论也可以像传统控制理论常做的一样，将这类较简单的非线性系统视为一定条件下的线性系统，完成对它的控制。

为了表明泛逻辑控制对线性系统有效控制的普遍性，本章涉及到的线性系统并不专门针对某特定的被控对象。又因为系统的传递函数不提供任何该系统的物理结构，许多不同的物理系统可以具有完全相同的传递函数，因此这些线性系统一律用传递函数表示。

5.1.1 对某常规二阶系统的泛逻辑控制

取某线性系统作为被控对象，它具有式 5-1 所示的二阶传递函数形式。

$$G(s) = \frac{s^2 + 5s + 2}{s^2 + 2s + 1} \tag{5-1}$$

由于传递函数是系统的一种输入输出描述，是将系统看成一个"黑箱"，并不表征系统的内部结构和内部变量。因此，为了选择适当的泛逻辑控制器结构，要将其转化为内部描述形式,即状态空间描述。式 5-2 是该系统的状态方程和输出方程。

$$
\begin{cases}
\begin{bmatrix} \dot{x}_1 \\ \dot{x}_2 \end{bmatrix} = \begin{bmatrix} -2 & -1 \\ 1 & 0 \end{bmatrix} \begin{bmatrix} x_1 \\ x_2 \end{bmatrix} + \begin{bmatrix} 1 \\ 0 \end{bmatrix} u \\
Y = \begin{bmatrix} 3 & 1 \end{bmatrix} \begin{bmatrix} x_1 \\ x_2 \end{bmatrix} + u
\end{cases}
\tag{5-2}
$$

观察系统的状态方程,可知控制器的输入变量有 2 个,根据控制器结构设计的原则,选择图 4-7 所示的泛逻辑控制器结构。由于被控对象的状态空间描述比较简单,这里选择任意区间 $[a,b]$ 上的零级泛组合运算模型作为综合决策模块的核心。待优化的控制参数包括:两个输入变量的泛化因子、输出变量的逆泛化因子和泛组合运算模型的广义相关系数。

设控制目标是使系统状态方程中的两个分量都趋近于零,即 $x_i \to 0(i=1,2)$,因此 $e_i = x_i$。泛逻辑控制器的论域选作 $[-8,8]$,决策中表示弃权的幺元 $e=0$,采样周期 $T=0.005\,\text{s}$。

由于该传递函数没有和特定的被控对象对应,无法确定具体的控制要求,因此在不等权的参数优化模块中,给两个状态变量赋予相同的权重,但为了尽快完成控制任务,给较早控制周期的控制效果赋予较大的权重。具体的评价函数表示如下,其中 m 是控制参数评价的总周期数。

$$
fitness = \frac{1}{\displaystyle\sum_{k=1}^{m} \frac{(m-k+1)^2}{m}[0.5(x_1(k))^2 + 0.5(x_2(k))^2]}
\tag{5-3}
$$

经参数优化后,两个输入量的泛化因子分别是 $K_1 = 6.0784$,$K_2 = 3.7255$,输出量的逆泛化因子 $K_u = 2.5882$,泛组合运算模型的广义相关系数 $h = 0.3765$。当系统的初始状态为 $X = [0.5 \ -0.3]$ 时,8 秒之内 x_1 和 x_2 的变化曲线如图 5-1 所示。

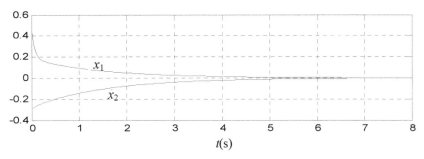

图 5-1 对系统 $G(s)=(s^2+5s+2)/(s^2+2s+1)$ 泛逻辑控制的效果

5.1.2　对某常规三阶系统的泛逻辑控制

取某线性系统作为被控对象，它具有式 5-4 所示的三阶传递函数。

$$G(s) = \frac{2s^2 + 9s + 1}{s^3 + s^2 + 4s + 4} \tag{5-4}$$

根据传递函数，得到系统的状态方程和输出方程如下所示。

$$\begin{cases} \begin{bmatrix} \dot{x}_1 \\ \dot{x}_2 \\ \dot{x}_3 \end{bmatrix} = \begin{bmatrix} -1 & -4 & -4 \\ 1 & 0 & 0 \\ 0 & 1 & 0 \end{bmatrix} \begin{bmatrix} x_1 \\ x_2 \\ x_3 \end{bmatrix} + \begin{bmatrix} 1 \\ 0 \\ 0 \end{bmatrix} u \\ \\ Y = \begin{bmatrix} 2 & 9 & 1 \end{bmatrix} \begin{bmatrix} x_1 \\ x_2 \\ x_3 \end{bmatrix} \end{cases} \tag{5-5}$$

观察系统的状态方程，可知控制器有 3 个输入变量，故选择图 4-8 所示的泛逻辑控制器结构，并以任意区间 $[a,b]$ 上的零级泛组合运算模型作为综合决策模块的核心。因此控制参数包括：两个泛组合运算模型各自输入变量的泛化因子、输出变量的逆泛化因子和广义相关系数共 8 个参数。

设控制目标是使系统状态方程中的三个分量都趋近于零，因此 $e_i = x_i$。泛逻辑控制器的论域选作 $[-8,8]$，决策中表示弃权的幺元 $e = 0$，采样周期 $T = 0.005\,\mathrm{s}$。鉴于和二阶系统同样的原因，不等权参数优化模块的评价函数表示如下，其中 m 是控制参数评价的总周期数。

$$fitness = \frac{1}{\displaystyle\sum_{k=1}^{m} \frac{(m-k+1)^2}{m} [0.33(x_1(k))^2 + 0.33(x_2(k))^2 + 0.33(x_3(k))^2]} \tag{5-6}$$

经参数优化后，得到控制参数为：泛组合运算模型 1 的输入量泛化因子 $K_1 = 6.6667$，$K_2 = 14.1176$，输出量逆泛化因子 $K_{u1} = 14.6667$，广义相关系数 $h = 0.5059$，泛组合运算模型 2 的输入量泛化因子 $K_{12} = 19.8039$，$K_3 = 26.2745$，输出量逆泛化因子 $K_{u2} = 0.0784$，广义相关系数 $h = 0.8000$。当系统的初始状态为 $X = [0.5\ -0.3\ 0.2]$ 时，5 秒之内各状态量的变化曲线如图 5-2 所示。

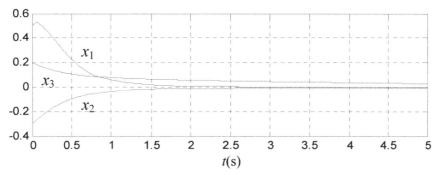

图 5-2 对系统 $G(s)=(2s^2+9s+1)/(s^3+s^2+4s+4)$泛逻辑控制的效果

5.1.3 对某常规二阶系统的泛逻辑控制和 LQY 控制比较

取具有式 5-7 所示传递函数形式的线性系统作为被控对象，比较第 4 章提出的泛逻辑控制方法和线性二次型最优控制方法的控制效果。

$$G(s) = \frac{2}{2s^2+s} \tag{5-7}$$

根据传递函数可以得到式 5-8 所示的系统状态空间方程和输出方程。

$$\begin{cases} \begin{bmatrix} \dot{x}_1 \\ \dot{x}_2 \end{bmatrix} = \begin{bmatrix} -0.5 & 0 \\ 1 & 0 \end{bmatrix} \begin{bmatrix} x_1 \\ x_2 \end{bmatrix} + \begin{bmatrix} 1 \\ 0 \end{bmatrix} u \\ Y = \begin{bmatrix} 0 & 1 \end{bmatrix} \begin{bmatrix} x_1 \\ x_2 \end{bmatrix} \end{cases} \tag{5-8}$$

选择图 4-7 所示的控制器结构，并以任意区间 $[a,b]$ 上的零级泛组合运算模型作为综合决策模块的核心。

假设控制目标是使系统状态方程中的两个分量都趋近于零，因此 $e_i = x_i$。泛逻辑控制器的论域选作 $[-8,8]$，决策门限 $e = 0$，采样周期 $T=0.005\,\text{s}$。不等权的参数优化模块中，评价函数定义同式 5-3。

经参数优化后，两个输入量的泛化因子分别是 $K_1 = 10.0000$，$K_2 = 7.4510$，输出量的逆泛化因子 $K_u = 6.6667$，泛组合运算模型的广义相关系数 $h = 0.4980$。当系统的初始状态为 $X = [0.5\ -0.3]$ 时，泛逻辑控制系统 6 秒之内各状态量的变化曲线如图 5-3 中 $x1-\text{ULC}$ 和 $x2-\text{ULC}$ 所示。

同时，利用线性二次型最优输出调节器 LQY，根据系统的状态方程和输出方程，得到

LQY 控制器如式 5-9 所示，LQY 控制系统 6 秒之内各状态量的变化曲线如图 5-3 中 $x1 - LQY$ 和 $x2 - LQY$ 所示。

$$u = -1.2545\, x_1 - 1.4142\, x_2 \qquad (5-9)$$

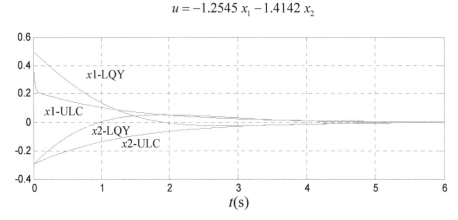

图 5-3　对系统 $G(s)=2/(2s^2+s)$ 的泛逻辑控制和 LQY 控制的效果比较

观察图 5-3 发现：从控制系统的快速性看，两种方法控制下 x_1 和 x_2 到达平衡位置 0 的时间接近，大约在 4～5 s 之间；从控制系的稳定性看，LQY 控制下，x_1 和 x_2 都出现了超调，但泛逻辑控制下，x_1 和 x_2 却比较平稳地到达了平衡位置。

最优控制理论是一种发展比较完善的现代控制理论，上述实验虽然有一定的超调，但也在可以接受的范围之内。实际工程应用中，可以通过反复实验选择更适宜的加权矩阵 Q 和 R，获得更好的控制效果，但这给控制器设计带来了额外的工作。

本节针对典型线性系统的控制实验证明了泛逻辑控制在解决线性系统控制问题时的有效性和优越性，后文将以倒立摆系统为实验平台，证明泛逻辑控制更适合解决复杂被控对象的控制问题。

5.2 倒立摆系统的研究意义和现状

多级倒立摆系统是一个理想的自动控制研究设备，它本身是一个自然不稳定体，是日常生活中所见到的任何重心在上、支点在下的控制问题的抽象，对它的控制规律可以推广到一般的复杂系统控制中。

倒立摆的控制过程中还能有效地反映许多关键问题和抽象概念，如稳定性、能控性和抗干扰性等。此外，通过倒立摆还可以研究变结构控制、非线性观测器、摩擦补偿、目标定位控制、混合系统和混沌系统 [83-87] 等。

5.2.1 倒立摆系统的分类

目前，倒立摆系统的结构很多，其名称和分类也比较繁杂。倒立摆系统一般由一个可移动的小车和能自由摆动的摆杆组成，小车与摆杆之间、摆杆与摆杆之间通过铰链或者万向联轴节连接，根据摆杆的数量，可将倒立摆系统分为一级倒立摆、二级倒立摆、三级倒立摆、四级倒立摆、乃至 n 级倒立摆，摆杆级数越高，控制难度越大。此外，根据摆杆间连接形式的不同，可以把倒立摆系统分为并联式倒立摆和串联式倒立摆；根据运动轨道的不同，可以把倒立摆系统分为倾斜轨道倒立摆和水平轨道倒立摆；根据摆杆材质的不同，可以把倒立摆系统分为刚性倒立摆和柔性倒立摆。

国内常按照倒立摆系统中小车的运动轨迹将倒立摆系统分为直线倒立摆、平面倒立摆和环形倒立摆等[88,89]。其中，直线倒立摆是指摆杆只能在一个铅垂面内摆动、小车做直线轨迹运动的倒立摆，也被称为"小车－倒立摆系统"，系统由可以沿直线导轨运动的小车和一端与小车连接的匀质长杆组成，小车通过传动装置由电机驱动，由于导轨一般长度固定，因此其运动范围是受限制的；平面倒立摆指摆杆能在三维空间内任意摆动、小车在一个水平面内运动的倒立摆，平面倒立摆至少需要两个电机驱动，一般可采用 X-Y 平台、二自由度并联机构或二自由度 SCARA 机械臂作为平面倒立摆的运动平台；环形倒立摆则指由摆杆和连杆组成的倒立摆，其中的摆杆通过铰链与连杆链接，连杆由电机驱动，可以绕轴心水平旋转，摆杆可以在垂直于连杆的平面上自由摆动，这种倒立摆摆脱了摆杆运动行程受限的因素，但摆杆的圆周运动带来了另外一种不利的非线性因素，即离心力。

在以上倒立摆类型基础上，还衍生出复合型倒立摆和柔性倒立摆等类型。复合型倒立摆是由以上类型组合而成的，可以通过对结构的调整实现不同的倒立摆运动模型；而柔性连接倒立摆则是在直线倒立摆基础上引入自由弹簧系统的倒立摆，由于闭环系统的响应频率受到弹簧系统振荡频率的限制，因此增加了其控制器设计的难度。

国际上很多学者以摆杆的自由度来描述倒立摆的类型[90]。将摆杆只能在一个铅垂面内摆动，小车在同一个平面内做直线轨迹运动的倒立摆称为普通倒立摆（Classical Inverted pendulum）或二维倒立摆 (2D Inverted pendulum)，将摆杆能在三维空间内自由摆动，小车在一个水平面内运动的倒立摆称为空间倒立摆（Spherical lnverted pendulum）或三维倒立摆（3D Inverted pendulum）；关于环形倒立摆的定义国内外基本上是一致的，一般称为 "Rotary Inverted Pendulum"。

5.2.2 倒立摆系统的特点

虽然倒立摆的形式和结构各异，但无论何种类型的倒立摆，一般都具有以下特性。

(1) 非线性

倒立摆系统是一个典型的非线性复杂系统，实际中可以通过在平衡点处对系统进行线性化得到系统近似模型，然后进行控制，也可以利用非线性理论等对其进行控制。

(2) 不确定性

不确定性主要来源于模型误差以及机械传动间隙、各种阻力等。实际控制中一般通过减少各种误差来降低不确定性，例如通过施加预紧力减少皮带或齿轮的传动误差，利用滚珠轴承减少摩擦阻力等。

(3) 耦合性

倒立摆系统的各级摆杆之间，以及摆杆和运动模块之间都有很强的耦合关系，在倒立摆控制中一般在平衡点附近进行解耦计算，忽略次要耦合量。

(4) 开环不稳定性

倒立摆的平衡状态只有两个，即垂直向上状态和垂直向下状态，其中垂直向上的状态在无外界干涉、开环情况下是绝对不稳定的，而垂直向下的则是稳定的平衡点。

(5) 约束限制

指机构限制，如运动模块行程限制，电机力矩限制等。为了制造方便和降低成本，倒立摆的结构尺寸和电机功率都尽量要求最小，行程限制对倒立摆的摆起影响尤为突出，容易出现小车撞边现象。

5.2.3 倒立摆的控制问题及研究现状

倒立摆的研究始于 20 世纪 50 年代，当时麻省（MIT）电机工程系的控制论专家根据火箭发射助推器的原理设计出一级倒立摆实验设备，由于该装置形象直观、结构简单、成本低廉、构件组成参数和形状易于改变，后来人们对此进行了演绎，产生了二级、三级乃至多级倒立摆的控制问题。

多级倒立摆系统作为经典的复杂被控对象，一直是人们检验控制理论和方法的典型实验平台。每年，国际上有很多与倒立摆有关的文章发表，这些文章或者对倒立摆系统控制中的各种问题进行研究，例如自动起摆控制、稳定控制；或者专门研究如何将相关研究成果应用到其他领域，例如，将一级倒立摆的研究衍化为对航空航天领域中火箭发射助推器的研究，将多级倒立摆与双足机器人的行走控制联系起来。目前，对倒立摆系统的研究已经演绎到四级乃至五级。

倒立摆系统控制问题的研究主要分为两个方面：一是倒立摆系统的稳定控制，即设计控制器使倒立摆稳定于特定位置；二是倒立摆系统的自动起摆控制。目前针对前者的研究较多。

归纳起来，倒立摆稳定控制的主要方法有：模糊控制、神经网络控制，滑模变结构控制、模型参考自适应控制、最优控制、H∞控制、预测控制、混合控制、反演控制、全状态反馈控制、动态面控制、拟人智能控制、仿人智能控制、进化控制、云模型控制、被动控制等。而倒立摆自动起摆控制的主要方法有：滑模控制、Bang-Bang 控制、部分状态反馈控制、时间最优控制、能量控制、监督机制、仿人智能控制等[37-39, 91-151]。

通过对国内外文献的研究分析发现[38-46,68-79,94-171,175-192]：对倒立摆系统的相关研究主要集中在亚洲，如我国的北京师范大学、北京航空航天大学、重庆大学、中国科技大学、清华大学、北京理工大学、哈尔滨工业大学、浙江大学、西北工业大学、大连理工大学、澳门大学、台湾国立大学等；日本的 Mycom 有限公司、东京工业大学、东京电机大学，东京大学、冈山大学、庆应大学、筑波大学、神奈川技术学院、大阪府立大学等；韩国的釜山大学、忠南大学等；俄罗斯的圣彼得堡大学、俄罗斯技术研究院、俄罗斯新西伯利亚国立大学等。除亚洲地区以外，美国的东佛罗里达大学、波兰的波兹南技术大学、意大利的佛罗伦萨大学等也对这个领域有持续的研究。

我国对倒立摆系统的研究虽然起步比较晚，大概从上世纪八十年代开始，但是通过不断努力和潜心研究，依旧取得许多重大成果[38,39,42-46,77,121-123,152-162]。北京师范大学的李洪兴教授带领的团队采用变论域自适应模糊控制的方法在国际上首次实现了直线四级倒立摆实物系统的控制以及平面三级倒立摆实物系统的控制，2010 年 6 月，他们又在世界上首次成功实现了空间四级倒立摆实物系统控制。重庆大学智能自动化研究所采用基于动觉智能图式的仿人智能控制理论成功解决了多级摆、平面倒立摆的摆起倒立控制问题，并实现了体操机器人高难度的杠上体操动作。北京航空航天大学的张明廉教授等人采用拟人智能控制方法实现了三级倒立摆实物系统的稳定控制，并解决了平行单级双倒立摆的控制问题。此外，也有基于云模型成功控制三级倒立摆系统的报道和文献出现。

除此之外，日本国内的研究机构和高校对倒立摆系统的研究也比较多[163-171]，其中 Mycom 有限公司、东京工业大学和东京电机大学等利用模糊控制器实现了倒立摆系统的起摆和稳定控制；日本庆应大学在对倒立摆起摆和稳定控制研究的同时，还将相关成果应用到双足机器人的控制上；神奈川技术学院将倒立摆的研究成果用于改善轮椅的性能。

5.3 倒立摆系统的数学模型

5.3.1 n 级倒立摆系统的物理模型

本书中一律以水平导轨上的单电机控制的直线倒立摆系统为实验对象，它由小车、摆杆、皮带、电机、传感器等部分组成，电机通过皮带驱动小车，使其在水平导轨上来回运动，从而保持各级摆杆在垂直方向上的平衡。系统的实验装置图如图 5-4 所示。

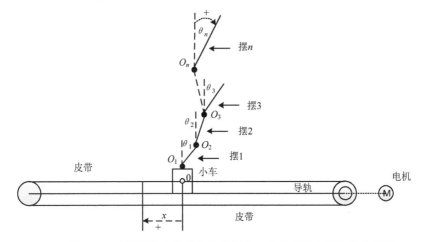

图 5-4　水平导轨上的单电机控制的 n 级直线倒立摆实验装置图

图 5-4 所示中，小车在水平导轨上左右平移，各级摆杆在铅垂平面内运动。约定以下记号：各级摆杆由下至上依次为摆 1、摆 2、……、摆 n，如果是二级系统，则各摆杆由下至上又可称为下摆、上摆，如果是三级系统，则各摆杆由下至上又可称为下摆、中摆、上摆；O_i 是摆 i 向下的连接点，本书采用的实验设备是深圳固高公司生产的多级直线型倒立摆，连接点包括转轴和编码器等配件，其质量用 p_i 表示；u 为电机通过皮带提供给小车的外界作用力，向左为正；x 为小车位移，通常以导轨中心位置为坐标原点，向左为正；$\dot{x}$ 为小车的速度；θ_i 是摆 i 与垂直向上方向的夹角，即摆 i 的角度，通常以垂直向上为坐标零点，顺时针方向为正；$\dot{\theta}_i$ 为摆 i 的角速度；m_0 为小车质量，m_i 为摆 i 的质量；L_i 是摆 i 的长度；l_i 是 O_i 到摆 i 质心的距离，因为实际系统的各级摆杆由同一材质、粗细均匀的金属杆构成，因此 $l_i = 0.5L_i$；J_i 为摆 i 绕转轴转动的转动惯量；F_0 是小车和导轨之间的滑动摩擦系数；$F_i(i>0)$ 是摆 i 绕 O_i 转动的摩擦阻力矩系数。表 5-1 为本书中相关实验平台的主要物理参数。

表 5-1 固高倒立摆系统的主要物理参数

符号	物理意义	实际取值		
		一级系统	二级系统	三级系统
m_0	小车质量(kg)	0.924	0.924	0.924
m_1	摆 1 质量(kg)	0.04933	0.01762	0.01762
m_2	摆 2 质量(kg)	/	0.07312	0.04196
m_3	摆 3 质量(kg)	/	/	0.07312
p_i	摆 i 和摆 $i+1$ 之间转轴、传感器等模块的质量和(kg)	/	0.18582 ($i=1$)	0.18582 ($i=1,2$)
l_1	摆 1 质心到转轴的距离(m)	0.177	0.075	0.075
l_2	摆 2 质心到转轴的距离(m)	/	0.1972	0.09975
l_3	摆 3 质心到转轴的距离(m)	/	/	0.19975
L_1	摆 1 长度(m)	0.354	0.15	0.15
L_2	摆 2 长度(m)	/	0.3944	0.1995
L_3	摆 3 长度(m)	/	/	0.3995
J_1	摆 1 的转动惯量(kg·m²)	5.1515e-4	3.3038e-5	3.3038e-5
J_2	摆 2 的转动惯量(kg·m²)	/	9.4783e-4	1.3917e-4
J_3	摆 3 的转动惯量(kg·m²)	/	/	9.7250e-4
F_0	小车与导轨间的摩擦系数(N·s/m)	0.1	0.1	0.1
$F_i(i>0)$	摆 i 的摩擦阻力矩系数(N·s·m)	0	0	0.00003
导轨最大长度		0.9		

5.3.2 n 级倒立摆系统的数学模型

1. n 级倒立摆系统的 Lagrange 方程建模

倒立摆系统的建模方法有两种：一种是采用牛顿力学定律，首先分别对小车和各级摆杆进行受力分析，然后根据牛顿第二定律和动量矩定理得到小车和各级摆杆在水平和垂直方向上的运动方程和动力学方程，最后通过求解这些方程获得系统的数学模型。然而，在求解质点组的运动问题时，需要解算大量的微分方程组，过程比较复杂。因此，人们常常采用另一种方法，即分析力学方法中的 Lagrange 方程对倒立摆系统进行数学建模[172-175]。

与牛顿力学不同，分析力学注重的是具有更广泛意义的能量，从而避免了复杂的受力分析和微分方程组求解，比采用牛顿力学建模方法更简单。Lagrange 方程是一组二阶常微分方程，它用 s 个独立的变量来描述力学体系的运动，对于同时受到保守力和耗散力作用的 n 级倒立摆的 Lagrange 方程为：

$$\frac{\mathrm{d}}{\mathrm{d}t}\left(\frac{\partial T}{\partial \dot{q}_i}\right) - \frac{\partial T}{\partial q_i} + \frac{\partial V}{\partial q_i} + \frac{\partial D}{\partial \dot{q}_i} = F_{q_i} \tag{5-10}$$

式中：q_i 为广义坐标，在倒立摆系统中是指小车的位移和各级摆杆的角度；F_{q_i} 为作用在系统上的广义力，当 $q_i = x$ 时，$F_x = G_0 u$，u 为控制量，G_0 为增益系数（后文中 G_0 统一取作 1），当 $q_i = \theta_i$ 时，$F_{\theta_i} = 0$，$i = 1, \cdots, n$。

在 n 级倒立摆系统中，小车的动能、势能和耗散能分别为 T_0、V_0 和 D_0。

$$T_0 = \frac{1}{2} m_0 \dot{x}^2, \quad V_0 = 0, \quad D_0 = \frac{1}{2} F_0 \dot{x}^2 \tag{5-11}$$

摆 i 的动能、势能和耗散能为 T_i、V_i 和 D_i，其中摆 i 的动能可以分为平动动能和转动动能，分别用 T_i' 和 T_i'' 表示。

$$T_i' = \frac{1}{2} m_i \left[\left(\frac{\mathrm{d}(x - \sum_{k=1}^{i-1} L_k \sin\theta_k - l_i \sin\theta_i)}{\mathrm{d}t} \right)^2 + \left(\frac{\mathrm{d}(\sum_{k=1}^{i-1} L_k \cos\theta_k + l_i \cos\theta_i)}{\mathrm{d}t} \right)^2 \right] \tag{5-12}$$

$$T_i'' = \frac{1}{2} J_i \dot{\theta}_i^2 \tag{5-13}$$

$$T_i = \frac{1}{2} m_i \left[\left(\frac{\mathrm{d}(x - \sum_{k=1}^{i-1} L_k \sin\theta_k - l_i \sin\theta_i)}{\mathrm{d}t} \right)^2 + \left(\frac{\mathrm{d}(\sum_{k=1}^{i-1} L_k \cos\theta_k + l_i \cos\theta_i)}{\mathrm{d}t} \right)^2 \right] + \frac{1}{2} J_i \dot{\theta}_i^2$$

$$\tag{5-14}$$

$$V_i = m_i g \sum_{k=1}^{i-1} L_k \cos\theta_k + m_i g l_i \cos\theta_i = m_i g (\sum_{k=1}^{i-1} L_k \cos\theta_k + l_i \cos\theta_i) \tag{5-15}$$

$$D_i = \frac{1}{2} F_i (\dot{\theta}_i - \dot{\theta}_{i-1})^2 \tag{5-16}$$

在本书实验用到的 n 级倒立摆系统中，测量小车和摆 1 状态信息的编码器（传感器）位于导轨的一端，不参与系统运动，故这里不做考虑。测量摆 i（$i > 1$）状态信息的编码器位于摆 i 和摆 $i-1$ 之间，而且除编码器之外，摆 i 和摆 $i-1$ 之间还有转轴、螺钉等配件，为了简化模型推导，将这些部件视为一体，统称为配重。后文中，称摆 1 和摆 2 之间的各部件为配重 1，质量用 p_1 表示，其中包含测量摆 2 信息的编码器；称摆 2 和摆 3 之间的各部件为配重 2，质量用 p_2 表示，其中包含测量摆 3 信息的编码器；……

由于配重 i 固定在两个摆杆之间，无摩擦损耗，运动趋势同下层摆杆 i，因此在后文倒立摆系统模型的推倒中，只计算配重 i 的动能 T_{Pi} 和势能 V_{Pi}。

$$T_{p_i} = \frac{1}{2} P_i \left[\left(\frac{\mathrm{d}(x - \sum_{k=1}^{i} L_k \sin\theta_k)}{\mathrm{d}t} \right)^2 + \left(\frac{\mathrm{d}(\sum_{k=1}^{i} L_k \cos\theta_k)}{\mathrm{d}t} \right)^2 \right] \tag{5-17}$$

$$V_{p_i} = p_i g \sum_{k=1}^{i} L_k \cos\theta_k \tag{5-18}$$

综上所述，n 级倒立摆系统的动能 T、势能 V 和耗散能 D 如式 5-19 所示。

$$T = \sum_{i=0}^{n} T_i + \sum_{i=1}^{n-1} T_{P_i}, \qquad V = \sum_{i=0}^{n} V_i + \sum_{i=1}^{n-1} V_{p_i}, \qquad D = \sum_{i=0}^{n} D_i \tag{5-19}$$

2. 一级倒立摆的数学模型

根据以上定义，一级倒立摆系统的数学模型推倒如下：

$$T = \sum_{i=0}^{1} T_i = T_0 + T_1 = T_0 + T_1' + T_1''$$

$$= \frac{1}{2} m_0 \dot{x}^2 + \frac{1}{2} m_1 \left[\left(\frac{\mathrm{d}(x - l_1 \sin\theta_1)}{\mathrm{d}t} \right)^2 + \left(\frac{\mathrm{d}(l_1 \cos\theta_1)}{\mathrm{d}t} \right)^2 \right] + \frac{1}{2} J_1 \dot{\theta}_1^2$$

$$= \frac{1}{2}(m_0 + m_1)\dot{x}^2 - m_1 l_1 \dot{x}\dot{\theta}_1 \cos\theta_1 + \frac{1}{2} m_1 l_1^2 \dot{\theta}_1^2 + \frac{1}{2} J_1 \dot{\theta}_1^2$$

$$V = \sum_{i=0}^{1} V_i = V_0 + V_1 = m_1 g l_1 \cos\theta_1$$

$$D = \sum_{i=0}^{1} D_i = D_0 + D_1 = \frac{1}{2} F_0 \dot{x}^2 + \frac{1}{2} F_1 \dot{\theta}_1^2$$

(1) 当 $q_i = x$ 时，根据 Lagrange 方程有 ：

$$(m_0 + m_1)\ddot{x} - m_1 l_1 \ddot{\theta}_1 \cos\theta_1 + m_1 l_1 \dot{\theta}_1^2 \sin\theta_1 + F_0 \dot{x} = u \tag{5-20}$$

(2) 当 $q_i = \theta_1$ 时，根据 Lagrange 方程有：

$$m_1 l_1 \ddot{x} \cos\theta_1 - m_1 l_1^2 \ddot{\theta}_1 - J_1 \ddot{\theta}_1 + m_1 g l_1 \sin\theta_1 - F_1 \dot{\theta}_1 = 0 \tag{5-21}$$

式 5-20 和式 5-21 联立，得到一级倒立摆系统的数学模型，这两个式子写成矩阵形式如下。

$$\begin{bmatrix} m_0 + m_1 & -m_1 l_1 \cos\theta_1 \\ m_1 l_1 \cos\theta_1 & -(m_1 l_1^2 + J_1) \end{bmatrix}\begin{bmatrix} \ddot{x} \\ \ddot{\theta}_1 \end{bmatrix} + \begin{bmatrix} F_0 & m_1 l_1 \dot{\theta}_1 \sin\theta_1 \\ 0 & -F_1 \end{bmatrix}\begin{bmatrix} \dot{x} \\ \dot{\theta}_1 \end{bmatrix} = \begin{bmatrix} u \\ -m_1 g l_1 \sin\theta_1 \end{bmatrix} \tag{5-22}$$

3. 二级倒立摆的数学模型

类似的，二级倒立摆系统的数学模型推倒如下。

$$T = \sum_{i=0}^{2} T_i + \sum_{i=1}^{1} T_{p_i} = T_0 + T_1 + T_2 + T_{p_1} = T_0 + T_1' + T_1'' + T_2' + T_2'' + T_{p_1}$$

$$= \frac{1}{2} m_0 \dot{x}^2 + \frac{1}{2} m_1 \left[\left(\frac{\mathrm{d}(x - l_1 \sin\theta_1)}{\mathrm{d}t}\right)^2 + \left(\frac{\mathrm{d}(l_1 \cos\theta_1)}{\mathrm{d}t}\right)^2 \right] + \frac{1}{2} J_1 \dot{\theta}_1^2 +$$

$$+ \frac{1}{2} m_2 \left[\left(\frac{\mathrm{d}(x - L_1 \sin\theta_1 - l_2 \sin\theta_2)}{\mathrm{d}t}\right)^2 + \left(\frac{\mathrm{d}(L_1 \cos\theta_1 + l_2 \cos\theta_2)}{\mathrm{d}t}\right)^2 \right] + \frac{1}{2} J_2 \dot{\theta}_2^2$$

$$+ \frac{1}{2} P_1 \left[\left(\frac{\mathrm{d}(x - L_1 \sin\theta_1)}{\mathrm{d}t}\right)^2 + \left(\frac{\mathrm{d}(L_1 \cos\theta_1)}{\mathrm{d}t}\right)^2 \right]$$

$$= \frac{1}{2}(m_0 + m_1 + m_2 + p_1)\dot{x}^2 - (m_1 l_1 + m_2 L_1 + p_1 L_1)\dot{x}\dot{\theta}_1 \cos\theta_1 - m_2 l_2 \dot{x}\dot{\theta}_2 \cos\theta_2$$

$$+ \frac{1}{2}(m_1 l_1^2 + J_1 + m_2 L_1^2 + p_1 L_1^2)\dot{\theta}_1^2 + \frac{1}{2}(m_2 l_2^2 + J_2)\dot{\theta}_2^2 + m_2 L_1 l_2 \dot{\theta}_1 \dot{\theta}_2 \cos(\theta_2 - \theta_1)$$

$$V = \sum_{i=0}^{2} V_i + \sum_{i=1}^{1} V_{p_i} = V_0 + V_1 + V_2 + V_{p_1}$$

$$= m_1 g l_1 \cos\theta_1 + m_2 g L_1 \cos\theta_1 + m_2 g l_2 \cos\theta_2 + p_1 g L_1 \cos\theta_1$$

$$D = \sum_{i=0}^{2} D_i = D_0 + D_1 + D_2 = \frac{1}{2} F_0 \dot{x}^2 + \frac{1}{2} F_1 \dot{\theta}_1^2 + \frac{1}{2} F_2 (\dot{\theta}_2 - \dot{\theta}_1)^2$$

(1) 当 $q_i = x$ 时，根据 Lagrange 方程有：

$$(m_0 + m_1 + m_2 + p_1)\ddot{x} - (m_1 l_1 + m_2 L_1 + p_1 L_1)\ddot{\theta}_1 \cos\theta_1 - m_2 l_2 \ddot{\theta}_2 \cos\theta_2$$
$$+ F_0 \dot{x} + (m_1 l_1 + m_2 L_1 + p_1 L_1)\dot{\theta}_1^2 \sin\theta_1 + m_2 l_2 \dot{\theta}_2^2 \sin\theta_2 = u \tag{5-23}$$

(2) 当 $q_i = \theta_1$ 时，根据 Lagrange 方程有：

$$(m_1 l_1 + m_2 L_1 + p_1 L_1)\ddot{x}\cos\theta_1 - (m_1 l_1^2 + J_1 + m_2 L_1^2 + p_1 L_1^2)\ddot{\theta}_1$$
$$- m_2 L_1 l_2 \ddot{\theta}_2 \cos(\theta_2 - \theta_1) - (F_1 + F_2)\dot{\theta}_1 + \left(F_2 + m_2 L_1 l_2 \dot{\theta}_2 \sin(\theta_2 - \theta_1)\right)\dot{\theta}_2 \tag{5-24}$$
$$= -(m_1 l_1 + m_2 L_1 + p_1 L_1)g \sin\theta_1$$

(3) 当 $q_i = \theta_2$ 时，根据 Lagrange 方程有：

$$
\begin{aligned}
& m_2 l_2 \ddot{x} \cos\theta_2 - m_2 L_1 l_2 \ddot{\theta}_1 \cos(\theta_2 - \theta_1) - (m_2 l_2^{\ 2} + J_2)\ddot{\theta}_2 \\
& + \left(F_2 - m_2 L_1 l_2 \dot{\theta}_1 \sin(\theta_2 - \theta_1)\right)\dot{\theta}_1 - F_2 \dot{\theta}_2 = -m_2 g l_2 \sin\theta_2
\end{aligned}
\tag{5-25}
$$

式 5-23～式 5-25 联立，可以得到二级倒立摆系统的数学模型，写成矩阵形式如下：

$$
\begin{bmatrix}
m_0 + m_1 + m_2 + p_1 & -(m_1 l_1 + m_2 L_1 + p_1 L_1)\cos\theta_1 & -m_2 l_2 \cos\theta_2 \\
(m_1 l_1 + m_2 L_1 + p_1 L_1)\cos\theta_1 & -(m_1 l_1^2 + J_1 + m_2 L_1^2 + p_1 L_1^2) & -m_2 L_1 l_2 \cos(\theta_2 - \theta_1) \\
m_2 l_2 \cos\theta_2 & -m_2 L_1 l_2 \cos(\theta_2 - \theta_1) & -(m_2 l_2^2 + J_2)
\end{bmatrix}
\begin{bmatrix}
\ddot{x} \\
\ddot{\theta}_1 \\
\ddot{\theta}_2
\end{bmatrix}
+
$$

$$
\begin{bmatrix}
F_0 & (m_1 l_1 + m_2 L_1 + p_1 L_1)\dot{\theta}_1 \sin\theta_1 & m_2 l_2 \dot{\theta}_2 \sin\theta_2 \\
0 & -(F_1 + F_2) & F_2 + m_2 L_1 l_2 \dot{\theta}_2 \sin(\theta_2 - \theta_1) \\
0 & F_2 - m_2 L_1 l_2 \dot{\theta}_1 \sin(\theta_2 - \theta_1) & -F_2
\end{bmatrix}
\begin{bmatrix}
\dot{x} \\
\dot{\theta}_1 \\
\dot{\theta}_2
\end{bmatrix}
\tag{5-26}
$$

$$
=
\begin{bmatrix}
u \\
-(m_1 g l_1 + m_2 g L_1 + p_1 g L_1)\sin\theta_1 \\
-m_2 g l_2 \sin\theta_2
\end{bmatrix}
$$

4. 三级倒立摆的数学模型

三级倒立摆系统的动能、势能和耗散能如下：

$$
\begin{aligned}
T &= \sum_{i=0}^{3} T_i + \sum_{i=1}^{2} T_{p_i} = T_0 + T_1 + T_2 + T_3 + T_{p_1} + T_{p_2} \\
&= \frac{1}{2} m_0 \dot{x}^2 + \frac{1}{2} m_1 \left[\left(\frac{\mathrm{d}(x - l_1 \sin\theta_1)}{\mathrm{d}t}\right)^2 + \left(\frac{\mathrm{d}(l_1 \cos\theta_1)}{\mathrm{d}t}\right)^2 \right] + \frac{1}{2} J_1 \dot{\theta}_1^2 \\
&\quad + \frac{1}{2} m_2 \left[\left(\frac{\mathrm{d}(x - L_1 \sin\theta_1 - l_2 \sin\theta_2)}{\mathrm{d}t}\right)^2 + \left(\frac{\mathrm{d}(L_1 \cos\theta_1 + l_2 \cos\theta_2)}{\mathrm{d}t}\right)^2 \right] + \frac{1}{2} J_2 \dot{\theta}_2^2 \\
&\quad + \frac{1}{2} m_3 \left[\left(\frac{\mathrm{d}(x - \displaystyle\sum_{k=1}^{2} L_k \sin\theta_k - l_3 \sin\theta_3)}{\mathrm{d}t}\right)^2 + \left(\frac{\mathrm{d}(\displaystyle\sum_{k=1}^{2} L_k \cos\theta_k + l_3 \cos\theta_3)}{\mathrm{d}t}\right)^2 \right] \\
&\quad + \frac{1}{2} J_3 \dot{\theta}_3^2 + \frac{1}{2} P_1 \left[\left(\frac{\mathrm{d}(x - L_1 \sin\theta_1)}{\mathrm{d}t}\right)^2 + \left(\frac{\mathrm{d}(L_1 \cos\theta_1)}{\mathrm{d}t}\right)^2 \right] \\
&\quad + \frac{1}{2} P_2 \left[\left(\frac{\mathrm{d}(x - L_1 \sin\theta_1 - L_2 \sin\theta_2)}{\mathrm{d}t}\right)^2 + \left(\frac{\mathrm{d}(L_1 \cos\theta_1 + L_2 \cos\theta_2)}{\mathrm{d}t}\right)^2 \right]
\end{aligned}
$$

$$
\begin{aligned}
=&\frac{1}{2}(m_0+m_1+m_2+m_3+p_1+p_2)\dot{x}^2-(m_1l_1+m_2L_1+m_3L_1+p_1L_1+p_2L_1)\dot{x}\dot{\theta}_1\cos\theta_1 \\
&-(m_2l_2+m_3L_2+p_2L_2)\dot{x}\dot{\theta}_2\cos\theta_2-m_3l_3\dot{x}\dot{\theta}_3\cos\theta_3 \\
&+\frac{1}{2}(m_1l_1^2+J_1+m_2L_1^2+m_3L_1^2+p_1L_1^2+p_2L_1^2)\dot{\theta}_1^2+\frac{1}{2}(m_2l_2^2+J_2+m_3L_2^2+p_2L_2^2)\dot{\theta}_2^2 \\
&+\frac{1}{2}(m_3l_3^2+J_3)\dot{\theta}_3^2+(m_2L_1l_2+m_3L_1L_2+p_2L_1L_2)\dot{\theta}_1\dot{\theta}_2\cos(\theta_2-\theta_1) \\
&+m_3L_1l_3\dot{\theta}_1\dot{\theta}_3\cos(\theta_3-\theta_1)+m_3L_2l_3\dot{\theta}_2\dot{\theta}_3\cos(\theta_3-\theta_2)
\end{aligned}
$$

$$
\begin{aligned}
V=&\sum_{i=0}^{3}V_i+\sum_{i=1}^{2}V_{p_i}=V_0+V_1+V_2+V_3+V_{p_1}+V_{p_2} \\
=&m_1gl_1\cos\theta_1+m_2gL_1\cos\theta_1+m_2gl_2\cos\theta_2+m_3gL_1\cos\theta_1 \\
&+m_3gL_2\cos\theta_2+m_3gl_3\cos\theta_3+p_1gL_1\cos\theta_1+p_2gL_1\cos\theta_1+p_2gL_2\cos\theta_2 \\
=&(m_1l_1+m_2L_1+m_3L_1+p_1L_1+p_2L_1)g\cos\theta_1+(m_2l_2+m_3L_2+p_2L_2)g\cos\theta_2 \\
&+m_3gl_3\cos\theta_3
\end{aligned}
$$

$$
D=\sum_{i=0}^{3}D_i=\frac{1}{2}F_0\dot{x}^2+\frac{1}{2}F_1\dot{\theta}_1^2+\frac{1}{2}F_2(\dot{\theta}_2-\dot{\theta}_1)^2+\frac{1}{2}F_3(\dot{\theta}_3-\dot{\theta}_2)^2
$$

(1) 当 $q_i=x$ 时，根据 Lagrange 方程有：

$$
\begin{aligned}
&(m_0+m_1+m_2+m_3+p_1+p_2)\ddot{x}-(m_1l_1+m_2L_1+m_3L_1+p_1L_1+p_2L_1)\ddot{\theta}_1\cos\theta_1 \\
&-(m_2l_2+m_3L_2+p_2L_2)\ddot{\theta}_2\cos\theta_2-m_3l_3\ddot{\theta}_3\cos\theta_3+F_0\dot{x} \\
&+(m_1l_1+m_2L_1+m_3L_1+p_1L_1+p_2L_1)\dot{\theta}_1^2\sin\theta_1+(m_2l_2+m_3L_2+p_2L_2)\dot{\theta}_2^2\sin\theta_2 \\
&+m_3l_3\dot{\theta}_3^2\sin\theta_3=u
\end{aligned}
\tag{5-27}
$$

(2) 当 $q_i=\theta_1$ 时，根据 Lagrange 方程有：

$$
\begin{aligned}
&(m_1l_1+m_2L_1+m_3L_1+p_1L_1+p_2L_1)\ddot{x}\cos\theta_1 \\
&-(m_1l_1^2+J_1+m_2L_1^2+m_3L_1^2+p_1L_1^2+p_2L_1^2)\ddot{\theta}_1 \\
&-(m_2L_1l_2+m_3L_1L_2+p_2L_1L_2)\ddot{\theta}_2\cos(\theta_2-\theta_1) \\
&-m_3L_1l_3\ddot{\theta}_3\cos(\theta_3-\theta_1)-(F_1+F_2)\dot{\theta}_1 \\
&+\Big(F_2+(m_2L_1l_2+m_3L_1L_2+p_2L_1L_2)\dot{\theta}_2\sin(\theta_2-\theta_1)\Big)\dot{\theta}_2 \\
&+m_3L_1l_3\dot{\theta}_3^2\sin(\theta_3-\theta_1)=-(m_1l_1+m_2L_1+m_3L_1+p_1L_1+p_2L_1)g\sin\theta_1
\end{aligned}
\tag{5-28}
$$

(3) 当 $q_i=\theta_2$ 时，根据 Lagrange 方程有：

$$
\begin{aligned}
&(m_2l_2 + m_3L_2 + p_2L_2)\ddot{x}\cos\theta_2 - (m_2L_1l_2 + m_3L_1L_2 + p_2L_1L_2)\ddot{\theta}_1\cos(\theta_2 - \theta_1) \\
&-(m_2l_2^2 + J_2 + m_3L_2^2 + p_2L_2^2)\ddot{\theta}_2 - m_3L_2l_3\ddot{\theta}_3\cos(\theta_3 - \theta_2) \\
&+\Big(F_2 - (m_2L_1l_2 + m_3L_1L_2 + p_2L_1L_2)\dot{\theta}_1\sin(\theta_2 - \theta_1)\Big)\dot{\theta}_1 - (F_2 + F_3)\dot{\theta}_2 \\
&+\Big(F_3 + m_3L_2l_3\dot{\theta}_3\sin(\theta_3 - \theta_2)\Big)\dot{\theta}_3 = -(m_2l_2 + m_3L_2 + p_2L_2)g\sin\theta_2
\end{aligned}
\tag{5-29}
$$

(4) 当 $q_i = \theta_3$ 时，根据 Lagrange 方程有：

$$
\begin{aligned}
&m_3l_3\ddot{x}\cos\theta_3 - m_3L_1l_3\ddot{\theta}_1\cos(\theta_3 - \theta_1) - m_3L_2l_3\ddot{\theta}_2\cos(\theta_3 - \theta_2) \\
&-(m_3l_3^2 + J_3)\ddot{\theta}_3 - m_3L_1l_3\dot{\theta}_1^2\sin(\theta_3 - \theta_1) \\
&+\Big(F_3 - m_3L_2l_3\dot{\theta}_2\sin(\theta_3 - \theta_2)\Big)\dot{\theta}_2 - F_3\dot{\theta}_3 = -m_3gl_3\sin\theta_3
\end{aligned}
\tag{5-30}
$$

式 5-27～式 5-30 联立，可以得到三级倒立摆系统的数学模型，写成矩阵的形式如下：

$$
\begin{bmatrix}
a_0 & -a_1\cos\theta_1 & -a_2\cos\theta_2 & -a_3\cos\theta_3 \\
a_1\cos\theta_1 & -a_4 & -a_5\cos(\theta_2 - \theta_1) & -a_6\cos(\theta_3 - \theta_1) \\
a_2\cos\theta_2 & -a_5\cos(\theta_2 - \theta_1) & -a_7 & -a_8\cos(\theta_3 - \theta_2) \\
a_3\cos\theta_3 & -a_6\cos(\theta_3 - \theta_1) & -a_8\cos(\theta_3 - \theta_2) & -a_9
\end{bmatrix}
\begin{bmatrix}
\ddot{x} \\ \ddot{\theta}_1 \\ \ddot{\theta}_2 \\ \ddot{\theta}_3
\end{bmatrix} +
$$

$$
\begin{bmatrix}
F_0 & a_1\dot{\theta}_1\sin\theta_1 & a_2\dot{\theta}_2\sin\theta_2 & a_3\dot{\theta}_3\sin\theta_3 \\
0 & -(F_1 + F_2) & F_2 + a_5\dot{\theta}_2\sin(\theta_2 - \theta_1) & a_6\dot{\theta}_3\sin(\theta_3 - \theta_1) \\
0 & F_2 - a_5\dot{\theta}_1\sin(\theta_2 - \theta_1) & -(F_2 + F_3) & F_3 + a_8\dot{\theta}_3\sin(\theta_3 - \theta_2) \\
0 & -a_6\dot{\theta}_1\sin(\theta_3 - \theta_1) & F_3 - a_8\dot{\theta}_2\sin(\theta_3 - \theta_2) & -F_3
\end{bmatrix}
\begin{bmatrix}
\dot{x} \\ \dot{\theta}_1 \\ \dot{\theta}_2 \\ \dot{\theta}_3
\end{bmatrix}
\tag{5-31}
$$

$$
= \begin{bmatrix} u & -a_1g\sin\theta_1 & -a_2g\sin\theta_2 & -a_3g\sin\theta_3 \end{bmatrix}^T
$$

其中，$a_0 = m_0 + m_1 + m_2 + m_3 + p_1 + p_2$

$$a_1 = m_1l_1 + m_2L_1 + m_3L_1 + p_1L_1 + p_2L_1$$

$$a_2 = m_2l_2 + m_3L_2 + p_2L_2$$

$$a_3 = m_3l_3$$

$$a_4 = m_1l_1^2 + J_1 + m_2L_1^2 + m_3L_1^2 + p_1L_1^2 + p_2L_1^2$$

$$a_5 = m_2L_1l_2 + m_3L_1L_2 + p_2L_1L_2$$

$$a_6 = m_3L_1l_3$$

$$a_7 = m_2l_2^2 + J_2 + m_3L_2^2 + p_2L_2^2$$

$$a_8 = m_3L_2l_3, \quad a_9 = m_3l_3^2 + J_3$$

5.3.3 n 级倒立摆系统在平衡点处的线性模型

本书中关于 ICM-LG 的实验，以及后文对泛逻辑控制器和线性二次型最优调节器的比较实验，都涉及到了 n 级倒立摆系统的线性模型。因此，下文对相关线性模型进行数学推导。

1. 一级倒立摆的线性模型

在平衡点 $x=0$、$\theta_1=0$、$\dot{x}=0$、$\dot{\theta}_1=0$ 处对式 5-22 所示的一级倒立摆系统模型线性化。

当 θ_1 很小时，认为 $\sin\theta_1=\theta_1$。令 $S=[x\quad \theta_1]^T$，有

$$\dot{S}=[\dot{x}\quad \dot{\theta}_1]^T,\quad \ddot{S}=[\ddot{x}\quad \ddot{\theta}_1]^T,\quad X=[x\quad \theta_1\quad \dot{x}\quad \dot{\theta}_1]^T$$

线性变换过程如下：

$$\begin{bmatrix} m_0+m_1 & -m_1l_1\cos\theta_1 \\ m_1l_1\cos\theta_1 & -(m_1l_1^2+J_1) \end{bmatrix}\begin{bmatrix} \ddot{x} \\ \ddot{\theta}_1 \end{bmatrix}+\begin{bmatrix} F_0 & m_1l_1\dot{\theta}_1\sin\theta_1 \\ 0 & -F_1 \end{bmatrix}\begin{bmatrix} \dot{x} \\ \dot{\theta}_1 \end{bmatrix}=\begin{bmatrix} u \\ -m_1gl_1\sin\theta_1 \end{bmatrix}$$

$$\Rightarrow \begin{bmatrix} m_0+m_1 & -m_1l_1\cos\theta_1 \\ m_1l_1\cos\theta_1 & -(m_1l_1^2+J_1) \end{bmatrix}\begin{bmatrix} \ddot{x} \\ \ddot{\theta}_1 \end{bmatrix}+\begin{bmatrix} F_0 & m_1l_1\dot{\theta}_1\sin\theta_1 \\ 0 & -F_1 \end{bmatrix}\begin{bmatrix} \dot{x} \\ \dot{\theta}_1 \end{bmatrix}=\begin{bmatrix} 0 \\ -m_1gl_1\sin\theta_1 \end{bmatrix}+\begin{bmatrix} 1 \\ 0 \end{bmatrix}u$$

$$\Rightarrow M(\theta_1)\begin{bmatrix} \ddot{x} \\ \ddot{\theta}_1 \end{bmatrix}+F(\theta_1,\dot{\theta}_1)\begin{bmatrix} \dot{x} \\ \dot{\theta}_1 \end{bmatrix}=N(\theta_1)+\begin{bmatrix} 1 \\ 0 \end{bmatrix}u$$

$$\Rightarrow \begin{bmatrix} \ddot{x} \\ \ddot{\theta}_1 \end{bmatrix}=-M^{-1}(\theta_1)F(\theta_1,\dot{\theta}_1)\begin{bmatrix} \dot{x} \\ \dot{\theta}_1 \end{bmatrix}+M^{-1}(\theta_1)N(\theta_1)+M^{-1}(\theta_1)\begin{bmatrix} 1 \\ 0 \end{bmatrix}u$$

$$\Rightarrow \begin{bmatrix} \ddot{x} \\ \ddot{\theta}_1 \end{bmatrix}=-M^{-1}(0)F(0,0)\begin{bmatrix} \dot{x} \\ \dot{\theta}_1 \end{bmatrix}+M^{-1}(0)N(0)+M^{-1}(0)\begin{bmatrix} 1 \\ 0 \end{bmatrix}u$$

$$\Rightarrow \begin{bmatrix} \ddot{x} \\ \ddot{\theta}_1 \end{bmatrix}=-M^{-1}(0)F(0,0)\begin{bmatrix} \dot{x} \\ \dot{\theta}_1 \end{bmatrix}+M^{-1}(0)\begin{bmatrix} 0 \\ -m_1gl_1\theta_1 \end{bmatrix}+M^{-1}(0)\begin{bmatrix} 1 \\ 0 \end{bmatrix}u$$

$$\Rightarrow \begin{bmatrix} \ddot{x} \\ \ddot{\theta}_1 \end{bmatrix}=-M^{-1}(0)F(0,0)\begin{bmatrix} \dot{x} \\ \dot{\theta}_1 \end{bmatrix}+M^{-1}(0)\begin{bmatrix} 0 & 0 \\ 0 & -m_1gl_1 \end{bmatrix}\begin{bmatrix} x \\ \theta_1 \end{bmatrix}+M^{-1}(0)\begin{bmatrix} 1 \\ 0 \end{bmatrix}u$$

$$\Rightarrow \begin{bmatrix} \ddot{x} \\ \ddot{\theta}_1 \end{bmatrix}=-M^{-1}(0)F(0,0)\begin{bmatrix} \dot{x} \\ \dot{\theta}_1 \end{bmatrix}+M^{-1}(0)N\begin{bmatrix} x \\ \theta_1 \end{bmatrix}+M^{-1}(0)\begin{bmatrix} 1 \\ 0 \end{bmatrix}u$$

$$\Rightarrow \ddot{S}=-M^{-1}(0)F(0,0)\dot{S}+M^{-1}(0)NS+M^{-1}(0)\begin{bmatrix} 1 \\ 0 \end{bmatrix}u$$

$$\Rightarrow \begin{bmatrix} \dot{S} \\ \ddot{S} \end{bmatrix}=\begin{bmatrix} 0_{2\times 2} & I_{2\times 2} \\ M^{-1}(0)N & -M^{-1}(0)F(0,0) \end{bmatrix}\begin{bmatrix} S \\ \dot{S} \end{bmatrix}+\begin{bmatrix} 0_{2\times 1} \\ M^{-1}(0)\begin{bmatrix} 1 \\ 0 \end{bmatrix} \end{bmatrix}u$$

即：

$$\dot{X} = \begin{bmatrix} 0_{2\times2} & I_{2\times2} \\ M^{-1}(0)N & -M^{-1}(0)F(0,0) \end{bmatrix} X + \begin{bmatrix} 0_{2\times1} \\ M^{-1}(0)\begin{bmatrix} 1 \\ 0 \end{bmatrix} \end{bmatrix} u \tag{5-32}$$

系统的输出为 $Y = \begin{bmatrix} x & \theta_1 \end{bmatrix}^\tau$:

$$Y = \begin{bmatrix} 1 & 0 & 0 & 0 \\ 0 & 1 & 0 & 0 \end{bmatrix} X + \begin{bmatrix} 0 \\ 0 \end{bmatrix} u \tag{5-33}$$

因此，一级倒立摆系统在平衡点处的状态方程和输出方程分别如式 5-32 和 5-33 所示。其中，

$$M(\theta_1) = \begin{bmatrix} m_0 + m_1 & -m_1 l_1 \cos\theta_1 \\ m_1 l_1 \cos\theta_1 & -(m_1 l_1^2 + J_1) \end{bmatrix}$$

$$F(\theta_1, \ \dot{\theta}_1) = \begin{bmatrix} F_0 & m_1 l_1 \dot{\theta}_1 \sin\theta_1 \\ 0 & -F_1 \end{bmatrix}$$

$$N(\theta_1) = \begin{bmatrix} 0 \\ -m_1 g l_1 \sin\theta_1 \end{bmatrix}$$

$$N = \begin{bmatrix} 0 & 0 \\ 0 & -m_1 g l_1 \end{bmatrix}$$

2. 二级倒立摆的线性模型

类似的，将二级倒立摆系统在平衡位置 $x=0$、$\theta_1 = \theta_2 = 0$、$\dot{x} = 0$、$\dot{\theta}_1 = \dot{\theta}_2 = 0$ 处线性化，令 $X = \begin{bmatrix} x & \theta_1 & \theta_2 & \dot{x} & \dot{\theta}_1 & \dot{\theta}_2 \end{bmatrix}^\tau$，$Y = \begin{bmatrix} x & \theta_1 & \theta_2 \end{bmatrix}^\tau$。略去具体的推导过程，结果如式 5-34 和式 5-35。

$$\dot{X} = \begin{bmatrix} 0_{3\times3} & I_{3\times3} \\ M^{-1}(0,0)N & -M^{-1}(0,0)F(0,0,0,0) \end{bmatrix} X + \begin{bmatrix} 0_{3\times3} \\ M^{-1}(0,0)\begin{bmatrix} 1 \\ 0 \\ 0 \end{bmatrix} \end{bmatrix} u \tag{5-34}$$

$$Y = \begin{bmatrix} 1 & 0 & 0 & 0 & 0 & 0 \\ 0 & 1 & 0 & 0 & 0 & 0 \\ 0 & 0 & 1 & 0 & 0 & 0 \end{bmatrix} X + \begin{bmatrix} 0 \\ 0 \\ 0 \end{bmatrix} u \tag{5-35}$$

其中，

$$M(\theta_1,\theta_2) = \begin{bmatrix} m_0 + m_1 + m_2 + p_1 & -(m_1 l_1 + m_2 L_1 + p_1 L_1)\cos\theta_1 & -m_2 l_2 \cos\theta_2 \\ (m_1 l_1 + m_2 L_1 + p_1 L_1)\cos\theta_1 & -(m_1 l_1^2 + J_1 + m_2 L_1^2 + p_1 L_1^2) & -m_2 L_1 l_2 \cos(\theta_2 - \theta_1) \\ m_2 l_2 \cos\theta_2 & -m_2 L_1 l_2 \cos(\theta_2 - \theta_1) & -(m_2 l_2^2 + J_2) \end{bmatrix}$$

$$F(\theta_1,\theta_2,\dot{\theta}_1,\dot{\theta}_2) = \begin{bmatrix} F_0 & (m_1 l_1 + m_2 L_1 + p_1 L_1)\dot{\theta}_1 \sin\theta_1 & m_2 l_2 \dot{\theta}_2 \sin\theta_2 \\ 0 & -(F_1 + F_2) & F_2 + m_2 L_1 l_2 \dot{\theta}_2 \sin(\theta_2 - \theta_1) \\ 0 & F_2 - m_2 L_1 l_2 \dot{\theta}_1 \sin(\theta_2 - \theta_1) & -F_2 \end{bmatrix}$$

$$N = \begin{bmatrix} 0 & 0 & 0 \\ 0 & -(m_1 g l_1 + m_2 g L_1 + p_1 g L_1) & 0 \\ 0 & 0 & -m_2 g l_2 \end{bmatrix} .$$

5.4 基于 ULICM 的倒立摆系统控制

第 4 章系统地提出了泛逻辑控制的理论基础、基本原理、以及控制器的设计原则等，是泛逻辑智能控制的最新研究进展。本节将以倒立摆系统为控制对象，验证 ULCM 在解决复杂对象控制问题时的有效性和优越性，进而从工程应用的角度证明泛逻辑学以及泛逻辑控制理论的实际应用价值。

5.4.1 一级倒立摆的起摆和稳定控制

一级倒立摆系统的整个控制过程可以分为自动起摆和稳定控制两个阶段：在自动起摆阶段，通过小车左右移动使系统进入稳定控制器可以控制的范围；在稳定控制阶段，通过小车左右移动使摆杆在垂直向上的方向稳定、小车到达导轨的中心位置。最终，系统状态 $X = [x \ \theta_1 \ \dot{x} \ \dot{\theta}_1]$ 由初始的 $[0 \ \pi \ 0 \ 0]$ 过渡到控制目标 $[0 \ 0 \ 0 \ 0]$。

1. 自动起摆控制器设计

对式 5-20 和式 5-21 构成的一级倒立摆系统的数学模型进行如下变换，得到系统的能量模型，其中 $(\dot{\theta}_1 \cos\theta_1)' = \ddot{\theta}_1 \cos\theta_1 - \dot{\theta}_1^2 \sin\theta_1$。

$$\begin{cases} (m_0 + m_1)\ddot{x} - m_1 l_1 (\dot{\theta}_1 \cos\theta_1)' + F_0 \dot{x} = u \\ m_1 l_1 \ddot{x} \cos\theta_1 - (m_1 l_1^2 + J_1)\ddot{\theta}_1 + m_1 g l_1 \sin\theta_1 - F_1 \dot{\theta}_1 = 0 \end{cases}$$

$$\Rightarrow \begin{cases} u\dot{x} = (m_0 + m_1)\ddot{x}\dot{x} - m_1 l_1 \dot{x}(\sin\theta_1)'' + F_0 \dot{x}^2 \\ m_1 l_1 \ddot{x}\dot{\theta}_1 \cos\theta_1 = (m_1 l_1^2 + J_1)\ddot{\theta}_1\dot{\theta}_1 + F_1\dot{\theta}_1^2 - m_1 g l_1 \dot{\theta}_1 \sin\theta_1 \end{cases}$$

$$\Rightarrow \begin{cases} \displaystyle\int_{t_1}^{t_2} u\dot{x}\,dt = \frac{1}{2}(m_0 + m_1)[\dot{x}^2]_{t_1}^{t_2} + F_0 \int_{t_1}^{t_2}\dot{x}^2 dt - m_1 l_1 \int_{t_1}^{t_2}\dot{x}(\sin\theta_1)''\,dt \\ \displaystyle\int_{t_1}^{t_2} m_1 l_1 (\dot{x})'(\sin\theta_1)'\,dt = \frac{1}{2}(m_1 l_1^2 + J_1)[\dot{\theta}_1^2]_{t_1}^{t_2} + F_1 \int_{t_1}^{t_2}\dot{\theta}_1^2 dt - m_1 g l_1[-\cos\theta_1]_{t_1}^{t_2} \end{cases}$$

$$\Rightarrow \begin{cases} \displaystyle\int_{x_1}^{x_2} u\,dx = \frac{1}{2}(m_0 + m_1)[\dot{x}^2]_{t_1}^{t_2} + F_0 \int_{t_1}^{t_2}\dot{x}^2 dt - m_1 l_1 \int_{t_1}^{t_2}\dot{x}(\theta_1 \cos\theta_1)'\,dt \\ 0 = -m_1 l_1 \displaystyle\int_{t_1}^{t_2}(\dot{x})'(\theta_1 \cos\theta_1)\,dt + \frac{1}{2}(m_1 l_1^2 + J_1)[\dot{\theta}_1^2]_{t_1}^{t_2} + F_1 \int_{t_1}^{t_2}\dot{\theta}_1^2 dt - m_1 g l_1[-\cos\theta_1]_{t_1}^{t_2} \end{cases}$$

即：

$$\int_{x_1}^{x_2} u\,dx = F_0 \int_{t_1}^{t_2}\dot{x}^2 dt + F_1 \int_{t_1}^{t_2}\dot{\theta}_1^2 dt + \frac{1}{2}(m_0 + m_1)[\dot{x}^2]_{t_1}^{t_2} - m_1 l_1[\dot{x}\dot{\theta}_1 \cos\theta_1]_{t_1}^{t_2}$$
$$+ \frac{1}{2}(m_1 l_1^2 + J_1)[\dot{\theta}_1^2]_{t_1}^{t_2} - m_1 g l_1[-\cos\theta_1]_{t_1}^{t_2} \tag{5-36}$$

根据式 5-36 的系统能量模型，可知外力做功全部转化为小车的摩擦损耗、下摆的摩擦损耗、系统的水平动能、下摆的转动能和下摆的势能。

本节设计的自动起摆控制器将起摆过程分为触发起摆、初始振动和调整准备三个阶段。

(1) 触发起摆阶段

触发起摆即给倒立摆系统施加一个恒值信号，使系统脱离静止的初始状态 $[0\ \pi\ 0\ 0]$。触发起摆阶段的控制规律如式 5-37，其中 β 为常量。当小车和摆杆都具有一定的动能后，控制系统就进入初始振动阶段。

$$u = -\beta \tag{5-37}$$

(2) 初始振动阶段

在初始振动阶段，通过小车的左右移动使下摆来回震荡获得能量，系统逐渐趋近于稳定控制的范围。同时，为了避免作用力之间的相互抵消以及小车左右摆动幅度过大导致的"撞墙"现象，这个过程仅限定在下摆和垂直向下方向的夹角小于角度 swingup_ang 的情况下。初始振动阶段的控制规律为：

$$if\ x > 0\ \ u = -\beta;\ else\ \ u = k\beta,\ k > 1 \tag{5-38}$$

(3) 调整准备阶段

为了使系统尽快获得能量，初始振动阶段给系统施加的是比较大的外力作用 $-\beta$ 和

$k\beta$，但系统稳定控制器施加的外力一般不会这么大。因此，调整准备阶段通过适当地减小外力，使系统平滑地过渡到稳定控制阶段。该阶段限定在下摆和垂直向下方向的夹角大于角度 *swingup_ang* 的情况下，控制规律为：

$$u = m\beta, \quad |m| < 1 \tag{5-39}$$

swingup_ang 的初始值选择为一个较小的量，随着控制过程的进行可以在线调整。具体的做法是：在控制过程中，如果下摆速度已经趋近于零（$|\dot{\theta}_1| < 0.05$），但系统还未进入稳定控制阶段，说明外力做功不够，即初始设置的 *swingup_ang* 过小，应适当增大。

在起摆控制器中，取 $\beta = 50$，$swingup\_ang = 2 \text{ rad}$，$k = 1.1$，$m = 0.01$。

2. 稳定控制器设计

在一级倒立摆的整个控制过程中，规定当下摆和垂直向上方向的夹角小于 α，且下摆的角速度 $|\dot{\theta}_1| < \dot{\alpha}$ 时，系统从起摆控制阶段过渡到稳定控制阶段。α 和 $\dot{\alpha}$ 的选择要综合考虑自动起摆控制器和稳定控制器的设计：α 和 $\dot{\alpha}$ 选择过小，则稳定控制器的初始条件比较好，但增大了起摆控制器的设计难度；α 和 $\dot{\alpha}$ 选择过大，起摆控制的目标简单、易于实现，但稳摆控制器设计的难度较大。在实现的一级倒立摆控制过程中，取 $\alpha = 0.52 \text{ rad}$，$\dot{\alpha} = 2 \text{ rad/s}$。

确定了自动起摆和稳定控制的分界线后，这里采用前面提出的泛逻辑控制方法对一级倒立摆系统进行稳定控制。

由式 5-22 的系统模型可知，泛逻辑控制器有 4 个输入变量，它们分别为小车位移、下摆角度、小车速度和下摆角速度，用 $[x \ \theta_1 \ \dot{x} \ \dot{\theta}_1]$ 表示。考虑到整个系统可以分成通过转轴相连的小车子系统和下摆子系统两个部分，同时考虑泛组合运算模型的选择问题，其泛逻辑控制器可以采用 ULC_Ⅰ型、ULC_Ⅱ型或 ULC_Ⅲ型的四维结构。为了简化参数优化过程，这里选择具由图 5-5 所示结构的 ULC_Ⅰ型泛逻辑控制器进行控制，控制器论域选为 $[-8, 8]$，决策中表示弃权的幺元 $e = 0$。故待寻优的控制参数为：两个泛组合运算模型各自输入变量的泛化因子、输出变量的逆泛化因子和广义相关系数，线性加权求和模块的加权系数共 10 个。

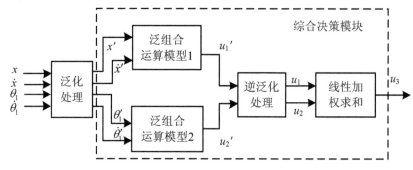

图 5-5 一级倒立摆系统的泛逻辑稳定控制器结构

因为一级倒立摆的稳定控制目标是使系统的四个状态量尽快均趋近于零，控制优先级依次为下摆角度、下摆角速度、小车位移和小车速度，所以不等权的参数优化模块中评价函数定义如下，其中 m 是控制参数评价的总周期数。

$$fitness = \frac{1}{\sum_{k=1}^{m} \frac{(m-k+1)^2}{m}[0.5(x(k))^2 + 0.05(\dot{x}(k))^2 + (\theta_1(k))^2 + (\dot{\theta}_1(k))^2]} \tag{5-40}$$

经不等权的参数优化后，得到控制参数为：

泛组合运算模型 1 的泛化因子 $K_x = 25.3176$，$K_{\dot{x}} = 22.5882$，逆泛化因子 $K_{u1} = 1.6471$，广义相关系数 $h_1 = 0.4353$；

泛组合运算模型 2 的泛化因子 $K_{\theta_1} = 36.5333$，$K_{\dot{\theta}_1} = 3.1765$，逆泛化因子 $K_{u2} = 3.1373$，广义相关系数 $h_2 = 0.6275$；

线性加权模块的加权系数 $K_1 = -0.3569$，$K_2 = 0.7569$。

3. 一级倒立摆的控制效果

采用上文设计的倒立摆自动起摆控制器和 ULC_Ⅰ型泛逻辑稳定控制器，对初始状态为 [0 π 0 0] 的一级倒立摆进行控制，10 s 内的控制效果如图 5-6 所示。

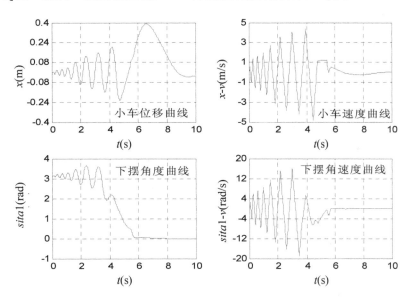

图 5-6　一级倒立摆系统的起摆和稳定控制效果

由图 5-6 中下摆角度曲线和小车位移曲线可知：系统最初停在导轨中心，下摆垂直向下，起摆控制器经过触发起摆（见图 5-6 中 0 s 对应值）、初始震荡（见图 5-6 中 0 s～4.8 s 左右的对应值）和调整准备（见图 5-6 中 4.8 s～5.4 s 左右的对应值）三个阶段，使摆杆震荡到稳定控制器可以控制的范围；在泛逻辑稳定控制器的控制下，下摆角度逐渐趋近于零，小车从导轨的边缘回归到中心位置，从而实现了系统的动态平衡（见图 5-6 中 5.4 s 以后的对应值)。

5.4.2 二级倒立摆的稳定控制

观察二级倒立摆系统的物理模型,可知整个系统分为三个通过转轴相连的子系统,即小车子系统、下摆子系统和上摆子系统。在每个子系统内部都有两个关系密切的状态变量,它们分别是:小车位移和小车速度、下摆角度和下摆角速度、上摆角度和上摆角速度。结合对式 5-26 所示的系统数学模型的分析,可以确定二级倒立摆泛逻辑稳定控制器的输入变量为以上提到的六个状态量,即 $[x \ \theta_1 \ \theta_2 \ \dot{x} \ \dot{\theta}_1 \ \dot{\theta}_2]$。

根据泛逻辑控制器的结构设计原则,可以选择图 4-13 或图 4-14 所示的多维控制器结构,其综合决策模块内部的泛组合运算模型可以是 $[a,b]$ 区间上的原始形式或线性加权形式。以下各实验基于图 5-7 所示的控制器结构,分别用 ULC_Ⅰ型、ULC_Ⅱ型泛逻辑控制器对二级倒立摆实物系统进行控制,其稳定控制、行走控制和抗干扰控制的实验结果如相关各图所示。

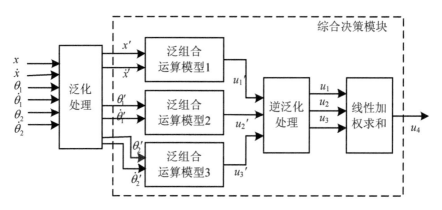

图 5-7　二级倒立摆系统的泛逻辑稳定控制器结构

在图 5-7 中,泛组合运算模型 1、2 和 3 分别负责完成小车子系统、下摆子系统和上摆子系统各自的控制目标。

1. 实物系统的 ULC_Ⅰ型泛逻辑稳定控制

在二级倒立摆实物系统的 ULC_Ⅰ型泛逻辑稳定控制器中,控制器论域选为 $[-8,8]$,决策中表示弃权的幺元 $e = 0$。同时,由于二级系统较一级系统的非线性更强、系统更难稳定,因此优先考虑各一阶状态量的控制问题,即控制的优先级(重要程度)依次为上摆角度、下摆角度、小车位移、上摆角速度、下摆角速度和小车速度,不等权的参数优化模块中评价函数定义如下，其中 m 是控制参数评价的总周期数。

$$fitness = \frac{1}{\sum\limits_{k=1}^{m} \dfrac{(m-k+1)^2}{m} \left[\begin{array}{l} 0.98x(k)^2 + 0.1\dot{x}(k)^2 + 0.98\theta_1(k)^2 \\ +0.2\dot{\theta}_1(k)^2 + \theta_2(k)^2 + 0.3\dot{\theta}_2(k)^2 \end{array}\right]} \qquad (5\text{-}41)$$

经不等权的参数优化后，得到控制参数为：

泛组合运算模型 1 的泛化因子 $K_x = 10.8863$，$K_{\dot{x}} = 20.2941$，逆泛化因子 $K_{u1} = 3.7500$，广义相关系数 $h_1 = 0.5020$；

泛组合运算模型 2 的泛化因子 $K_{\theta_1} = 44.9020$，$K_{\dot{\theta}_1} = 4.0000$，逆泛化因子 $K_{u2} = 3.4363$，广义相关系数 $h_2 = 0.4980$；

泛组合运算模型 3 的泛化因子 $K_{\theta_2} = 57.8431$，$K_{\dot{\theta}_2} = 12.0000$，逆泛化因子 $K_{u3} = 3.7500$，广义相关系数 $h_3 = 0.4000$；

线性加权求和模块的加权系数 $K_1 = 0.1059$，$K_2 = 0.8588$，$K_3 = -0.7412$。

这组控制参数对二级倒立摆实物系统的稳定控制效果如图 5-8 所示。

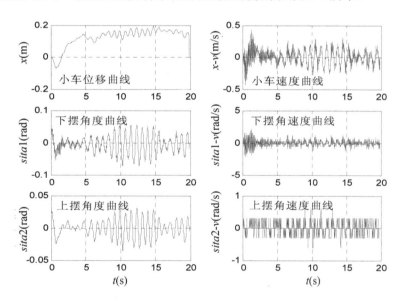

图 5-8　二级倒立摆实物系统的 ULC_Ⅰ型泛逻辑稳定控制效果

用键盘控制二级倒立摆实物系统，使其在导轨上左右运动的行走实验效果如图 5-9 所示。

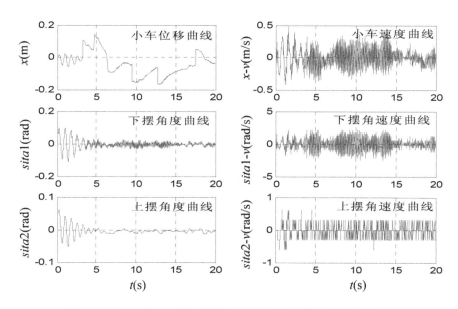

图 5-9 二级倒立摆实物系统的 ULC_Ⅰ型泛逻辑行走控制效果

几次轻轻敲击上摆，给系统增加外界干扰的二级倒立摆实物系统的抗干扰实验效果如图 5-10 所示。

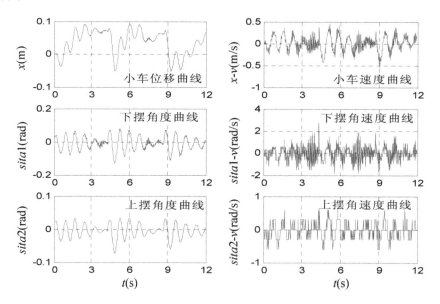

图 5-10 二级倒立摆实物系统的 ULC_Ⅰ型泛逻辑抗干扰控制效果

2. 实物系统的 ULC_Ⅱ型泛逻辑稳定控制

在二级倒立摆实物系统的 ULC_Ⅱ型泛逻辑控制器中，控制器论域选为 [-8,8]，决策中表示弃权的幺元 $e=0$。

为了实现对系统更精细地控制，使系统输入变量的权值能随着控制的进行在线调整，这里采用带有自调整因子的 ULC_Ⅱ型泛逻辑控制器。即，当 $[a,b]$ 区间上的线性加权零级泛组合运算模型的输入为 x 和 y，权值分别为 k 和 $1-k$ 时，带自调整因子的权值 k 定义如下：

$$k = \frac{(a_s - a_0)|x|}{b} + a_0 \tag{5-42}$$

式中：a_s 和 a_0 分别是 x 的最大权值和最小权值。在控制过程中，当 x 的绝对值增大时，k 随之增大，对 x 的控制作用增强，对 y 的控制作用减弱；当 x 的绝对值减小时，k 随之减小，对 x 的控制作用减弱，对 y 的控制作用增强。当 x 和 y 分别对应小车（或者摆 i）的零阶和一阶状态量（即误差和误差变化）时，这种带自调整因子的 ULC_Ⅱ型泛逻辑控制器能够在误差较大的情况下致力于减小系统调节时间，在误差较小的情况下致力于抑制系统超调，从而实现对系统更精细地控制。

当不等权的参数优化模块采用式 5-41 的评价函数时，控制参数如下：

泛组合运算模型 1 的泛化因子 $K_x = 13.1948$，$K_{\dot{x}} = 20.0000$，逆泛化因子 $K_{u1} = 1.5049$，广义相关系数 $h_1 = 0.5216$，小车位移的最大权值 $a_{s\_x} = 0.9657$，最小权值 $a_{0\_x} = 0.3020$；

泛组合运算模型 2 的泛化因子 $K_{\theta_1} = 47.4510$，$K_{\dot{\theta}_1} = 4.9098$，逆泛化因子 $K_{u2} = 3.6716$，广义相关系数 $h_2 = 0.5294$，下摆角度的最大权值 $a_{s\_\theta_1} = 0.8725$，最小权值 $a_{0\_\theta_1} = 0.6275$；

泛组合运算模型 3 的泛化因子 $K_{\theta_2} = 57.8039$，$K_{\dot{\theta}_2} = 7.4824$，逆泛化因子 $K_{u3} = 3.7500$，广义相关系数 $h_3 = 0.5098$，上摆角度的最大权值 $a_{s\_\theta_2} = 0.4679$，最小权值 $a_{0\_\theta_2} = 0.3725$；

线性加权求和模块的加权系数 $K_1 = 0.3882$，$K_2 = 0.4902$，$K_3 = -0.8588$。

这组控制参数对二级倒立摆实物系统的稳定控制效果如图 5-11 所示。

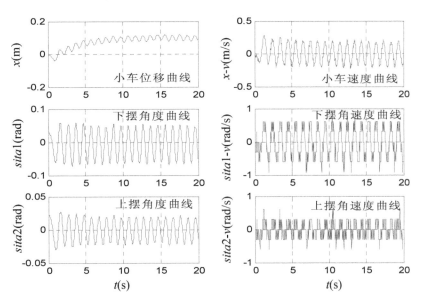

图 5-11　二级倒立摆实物系统的 ULC_Ⅱ型泛逻辑稳定控制效果

　　用键盘控制二级倒立摆实物系统，使其在导轨上左右运动的行走实验效果如图 5-12 所示。

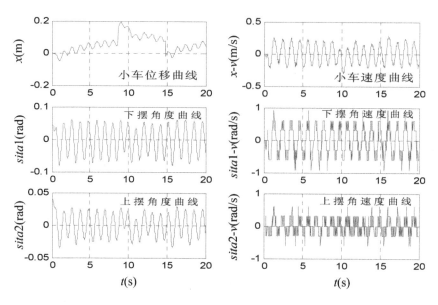

图 5-12　二级倒立摆实物系统的 ULC_II 型泛逻辑行走控制效果

　　在稳定控制成功后，轻轻敲打上摆，泛逻辑控制器能随之调整控制力，使系统保持动态平衡，其抗干扰控制实验的效果如图 5-13 所示。

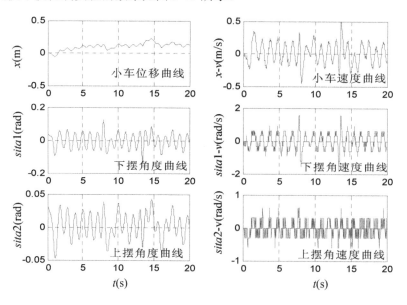

图 5-13　二级倒立摆实物系统的 ULC_II 型泛逻辑抗干扰控制效果

5.4.3 二级倒立摆的泛逻辑控制和其他控制方法的比较

泛逻辑控制是一种基于柔性逻辑的智能控制，它不依赖系统模型的精确性，控制输出的决策考虑到输入量之间的关系和测量误差的影响。下文将基于二级倒立摆系统对泛逻辑控制方法、模糊逻辑控制方法、拟人智能控制方法以及线性二次型最优状态调节原理 LQR 进行比较。

为了保证比较在同一外界环境、同一初始条件下进行，以下实验均基于仿真平台，且各 方 法 在 控 制 过 程 中 的 作 用 力 大 致 处 于 相 同 的 范 围 ， 系 统 的 初 态 为 $X = [0.0002\ 0.05\ 0.04\ 0\ -0.3\ 0.3]$。

1. 二级倒立摆的 LQR 控制

线性二次型最优状态调节器 LQR 是一种常见的倒立摆稳定控制方法，根据式 5-34 的二级倒立摆线性模型，取适当的加权矩阵 Q 和 R。通过最小化系统的性能指标，得到二级倒立摆的 LQR 控制器如式 5-43。在 LQR 控制器控制下，系统各变量的变化曲线如图 5-14 所示。

$$u = -1.5811x - 82.8912\theta_1 + 95.3843\theta_2 - 2.6996\dot{x} - 4.2815\dot{\theta}_1 + 13.7201\dot{\theta}_2 \qquad (5\text{-}43)$$

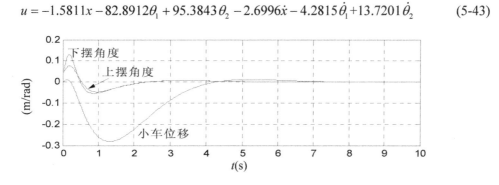

图 5-14 二级倒立摆系统的 LQR 控制效果

2. 二级倒立摆的模糊逻辑控制

模糊控制器[15,16,175-182]把观测到的各个精确量模糊化为模糊输入，并按照事先总结好的控制规则进行模糊推理和判决，最后将模糊推理和判决的结果解模糊为精确量作用于被控对象。在实际工程应用中，为了提高控制的实时性，通常将模糊控制规则库解析表示为一个包含误差 E 和误差变化 EC 的控制量表达式，如果给 E 和 EC 赋予带有自调整因子的加权系数，则模糊控制器更适合实际控制的需要，如式 5-44 所示。其中 N_i 为误差 E 模糊论域的量化等级，α_s 和 α_0 分别是误差 E 的最大权值和最小权值。

$$\begin{cases} u = -<(\alpha E + (1-\alpha)EC)> \\ \alpha = (\alpha_s - \alpha_0)|E|/N_i + \alpha_0 \ , 0 \leqslant \alpha_0 \leqslant \alpha_s \leqslant 1 \end{cases} \tag{5-44}$$

这里采用带自调整因子的模糊控制器[15,16]控制二级倒立摆系统，控制器的结构如图 5-15 所示，选择模糊控制器误差和误差变化模糊论域的量化等级为 8，控制量模糊论域的量化等级为 12。

经参数优化后，得到模糊控制参数如下，其控制效果如图 5-16 所示。

控制器 1 的量化因子 $K_x = 27.6915$，$K_{\dot{x}} = 26.1765$，比例因子 $K_{u1} = 1.0000$，位移的最大权值 $a_{s\_x} = 0.6327$，最小权值 $a_{0\_x} = 0.5059$；

控制器 2 的量化因子 $K_{\theta_1} = 23.6078$，$K_{\dot{\theta}_1} = 9.3647$，比例因子 $K_{u2} = 4.2941$，下摆角度的最大权值 $a_{s\_\theta_1} = 0.9378$，最小权值 $a_{0\_\theta_1} = 0.9137$；

控制器 3 的量化因子 $K_{\theta_2} = 53.8824$，$K_{\dot{\theta}_2} = 11.9686$，比例因子 $K_{u3} = 2.9765$，上摆角度的最大权值 $a_{s\_\theta_2} = 0.6403$，最小权值 $a_{0\_\theta_2} = 0.6353$；

线性加权求和模块的加权系数 $K_1 = -0.3098$，$K_2 = -0.8667$，$K_3 = 0.9922$。

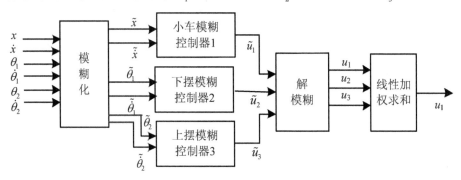

图 5-15　二级倒立摆系统的模糊控制器结构

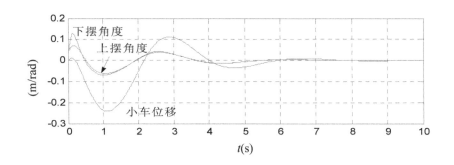

图 5-16　二级倒立摆系统的模糊控制效果

3.　二级倒立摆的拟人智能控制

在广义归约时，首先将小车和下摆看作一个整体，通过转轴 O_2（见图 5-4）与上摆连接，整个系统形成一个一级倒立摆，其中对上摆的控制力是作用在小车上的控制力通过下摆传递而来的；其次，小车和下摆这个整体本身又是一个一级倒立摆。因此，二级倒立摆的控制问题可以分解为两个一级倒立摆的控制问题。此时面对的主要矛盾是解决上摆的控制问题，其次解决由小车和下摆构成整体的控制问题（这是一个前面已经解决了的一级倒立摆的控制问题）。

根据以上分析可知，上摆的稳定是首先要解决的问题，即 $\theta_2 \to 0$，$\dot{\theta}_2 \to 0$；其次要解决下摆的稳定控制问题，即 $\theta_1 \to 0$，$\dot{\theta}_1 \to 0$；最后考虑小车的稳定控制问题，即 $x \to 0$，$\dot{x} \to 0$。

同时，分析二级倒立摆系统的物理本质和运动规律[45,46]，形成如下的拟人智能定性控制规律。

(1) 上摆角度的控制

当上摆右偏时，使下摆的顶端受到一个向左的力，如果此时给小车施加一个向右的力，会使下摆的底端受到一个向右的力，因此下摆会向左倾斜，导致上下摆之间的相对角度加大，系统不能达到平衡；如果此时给小车施加一个向左的力，使得下摆底端受到向左的力，反倒有可能使下摆向右倾斜，上下摆之间的相对角度减小，整个系统达到平衡。故上摆右偏时，施加向左的力。同样的道理，上摆左偏时，施加向右的力。

(2) 上摆角速度的控制

对上摆角速度的控制问题而言，为了消除摆的震荡，可以引入阻尼信号，如果 $\dot{\theta}_2 > 0$，应使向左的作用力增强，即施加向左的力，反之施加向右的力。

(3) 小车和下摆的控制

在广义归约时，将上摆以下的部分视为一个整体，该整体由小车和下摆组成，其控制规律同一级倒立摆的拟人智能控制规律。

综上所述，二级倒立摆的拟人智能控制器解析表达式如下：

$$u = k_{\theta_2}\theta_2 + k_{\theta_1}\theta_1 + k_x x + k_{\dot{\theta}_2}\dot{\theta}_2 + k_{\dot{\theta}_1}\dot{\theta}_1 + k_{\dot{x}}\dot{x} \tag{5-45}$$

由 3.2 节对一级系统拟人智能控制规律的分析可知，式 5-45 中 $k_x > 0$。但文献[74]已经通过实验证明，尽管当 $k_x > 0$ 时系统可以保持稳定，但会在导轨上单向漂移，因此修正小车位移的反馈为负反馈，即 $k_x < 0$。

考虑到二级系统是一级系统的摆杆顶端增加一个摆杆形成的，二者的物理特性存在一定关联。从惯量角度看，一般情况下，一级系统中摆杆的惯量与小车的惯量较为接近或者小于小车的惯量，而二级系统中两摆杆的总惯量会超过小车的惯量。因此，在一级系统的控制规律中，小车位移和速度的状态反馈占有重要地位，而在二级系统的控制规律中，它们的作用被大大削弱，相应反馈系数的绝对值相对较小。而且，由于下摆的运动受到上摆的制约，下摆角速度反馈系数的绝对值也相对较小。由此可见，小车速度和下摆角速度反馈系数的符号可以在一定范围内改变而不影响系统的稳定性。

结合以上广义归约的结果和对系统定性控制规律的分析，采用遗传算法对式 5-45 量化，得到式 5-46，其控制效果如图 5-17 所示。

$$u = -2.8824x - 86.1569\theta_1 + 97.7647\theta_2 - 3.3102\dot{x} - 5\dot{\theta}_1 + 15.1412\dot{\theta}_2 \tag{5-46}$$

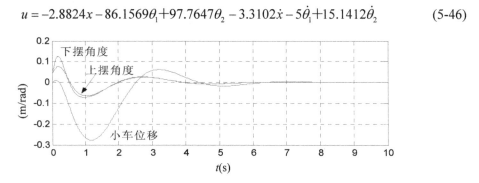

图 5-17　二级倒立摆系统的拟人智能控制效果

4. 控制效果比较

采用上文设计的 ULC_Ⅰ型泛逻辑控制器对二级倒立摆系统稳定控制，仿真环境下的控制效果如图 5-18 所示。

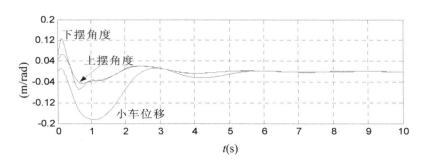

图 5-18　二级倒立摆系统的 ULC_Ⅰ型控制器控制效果

二级倒立摆系统在上述四种方法控制下的具体数据如表 5-2 所示。由于小车位移、上摆角度和下摆角度的控制目标均为零，故表中的最大偏离量即最大的状态量绝对值。规定当小车位移小于 0.02 m，且上摆、下摆角度均小于 0.01 rad 时系统控制成功。

表 5-2 四种控制方法的效果比较

指标 控制方法	最大偏离量			调节时间 (s)
	小车位移(m)	下摆角度(rad)	上摆角度(rad)	
LQR	0.2809	0.1303	0.0772	3.8050
模糊逻辑	0.2407	0.1285	0.0712	3.8450
拟人智能	0.2775	0.1271	0.0778	4.0700
ULC_Ⅰ	0.1853	0.1272	0.0666	3.1200

注： 表 5-2 中的评价指标"最大偏离量"和"调节时间"均取自经典控制理论中的时域分析法，具体定义同表 3-2。

分析图 5-14、图 5-16～图 5-18、以及表 5-2 中的相关数据，不难发现：

就控制过程中小车位移的最大偏离量而言，ULC_Ⅰ控制下最小，其次是模糊控制、拟人智能控制，LQR 控制下最大；ULC_Ⅰ控制下的小车位移最大偏离量分别比 LQR 控制、模糊控制、拟人智能控制减小了 34％、23％和 33％。

就控制过程中下摆角度的最大偏离量而言，拟人智能控制下最小，其次是 ULC_Ⅰ控制、模糊控制，LQR 控制下最大；ULC_Ⅰ控制下的下摆角度最大偏离量分别比 LQR 控制、模糊控制减小了 2％、1％。

就控制过程中上摆角度的最大偏离量而言，ULC_Ⅰ控制下最小，其次是模糊控制、LQR 控制，拟人智能控制下最大；ULC_Ⅰ控制下的上摆角度最大偏离量分别比 LQR 控制、模糊控制、拟人智能控制减小了 14％、6％和 14％。

就系统的调节时间而言，ULC_Ⅰ控制下最短，其次是 LQR 控制、模糊控制，拟人智能控制下最长；ULC_Ⅰ控制下的系统调节时间分别比 LQR、模糊控制、拟人智能控制减少了 18％、19％和 23％。

综合考虑系统各控制子目标的控制效果、系统的快速性和稳定性表现，以及控制器的设计过程，有以下结论：

(1) 四种控制方法中，LQR 控制下各状态量曲线的波动最少，都比较平滑地过渡到平衡点，但最大偏离量都较大。如果通过选择不同的 Q、R 改变控制参数，则某些性能指标的值会减小，而某些会增大。为了得到理想的控制效果，如何有技巧地确定 Q 和 R 是一个比较复杂的问题，不属于本书的研究重点，因此这里仅仅选择了一组较优的参数。

(2) 四种控制方法中，模糊控制是目前较为成熟的智能控制方法之一，它对系统模型的精确性要求不高，适合于控制高级数的倒立摆系统。而带有自调整因子的模糊逻辑控制器使得控制量的决策能充分考虑误差的变化。在模糊控制下，上、下摆平滑地过渡到平衡位置，比 ULC_I 控制的效果好，但这是以降低对小车的控制效果为代价的（其小车的控制曲线有较大波动），整个系统的快速性和稳定性表现都略差于泛逻辑控制。

(3) 四种控制方法中，拟人智能控制对下摆角度的控制效果最好，但和模糊控制一样，也是以降低对其他控制子目标的控制效果为代价的。拟人智能控制属于智能控制的范畴，不要求系统精确的数学模型，但控制器设计中需要分析被控对象的物理运动规律，过程繁琐，容易出错。总体来看其控制效果在四种方法中居中，比 LQR 控制的效果好，但略差于模糊控制的效果。

(4) 四种控制方法中，ULC_I 的调节时间最短，系统三个状态量的最大偏离量都很小。控制过程中各状态量的曲线虽然也有波动，但总体来看比拟人智能控制小，比模糊控制和 LQR 控制大，即通过寻找稳定性和快速性之间的平衡，使最终的控制效果最佳，很好地满足了系统的控制要求。

(5) 四种控制器在仿真和实物环境下的控制趋势大致相同，但实验发现，同一参数在实物环境下的控制效果较差，这主要是由于控制器设计中对摩擦力等不确定因素的估计有偏差。而且，如果改变仿真系统的初态，表 5-2 的具体数据会有所变化，但前面分析得到的结论大致不变。

5.4.4 三级倒立摆的稳定控制

1. 泛逻辑控制器设计

三级倒立摆系统可以分为小车子系统、下摆子系统、中摆子系统和上摆子系统四个部分，它们通过转轴相连。在每个子系统内部都有两个关系密切的状态变量，即：小车位移和小车速度、下摆角度和下摆角速度、中摆角度和中摆角速度、以及上摆角度和上摆角速度。

结合对式 5-31 三级倒立摆数学模型的观察分析，可以确定泛逻辑控制器的输入变量为以上提到的八个状态量，即

$$X = [x \; \theta_1 \; \theta_2 \; \theta_3 \; \dot{x} \; \dot{\theta}_1 \; \dot{\theta}_2 \; \dot{\theta}_3]$$

根据泛逻辑控制器的设计原则，设计系统的控制器为图 5-19 所示结构的 ULC_I 型泛逻辑控制器。其中，泛组合运算模型 1~4 分别负责小车子系统、下摆子系统、中摆子系统和上摆子系统控制力 $u_i'(i=1,\cdots,4)$ 的综合决策，u_i' 经逆泛化处理和线性加权求和后得到系统最终的控制力 u_5。

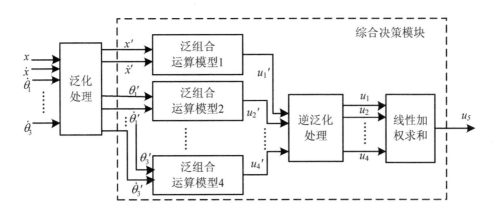

图 5-19 三级倒立摆系统的泛逻辑稳定控制器结构

令控制器的论域为$[-8,8]$，决策中表示弃权的幺元$e=0$。各控制子目标的优先级依次为上摆角度、中摆角度、下摆角度、小车位移、上摆角速度、中摆角速度、下摆角速度和小车速度。因此，不等权的参数优化模块中评价函数定义如式 5-47，其中 m 是控制参数评价的总周期数。

$$fitness = \cfrac{1}{\sum_{k=1}^{m} \cfrac{(m-k+1)^2}{m} \left[\begin{array}{c} \cfrac{x(k)^2}{1.7} + \cfrac{\dot{x}(k)^2}{9} + \cfrac{\theta_1(k)^2}{1.5} + \cfrac{\dot{\theta}_1(k)^2}{8} \\ + \cfrac{\theta_2(k)^2}{1.4} + \cfrac{\dot{\theta}_2(k)^2}{7} + \cfrac{\theta_3(k)^2}{1} + \cfrac{\dot{\theta}_3(k)^2}{6} \end{array} \right]} \tag{5-47}$$

经不等权的参数优化后，得到控制参数为：

泛组合运算模型 1 的泛化因子 $K_x = 11.1765$，$K_{\dot{x}} = 21.8824$，逆泛化因子 $K_{u1} = 2.3625$，广义相关系数 $h_1 = 0.4980$；

泛组合运算模型 2 的泛化因子 $K_{\theta_1} = 40.0000$，$K_{\dot{\theta}_1} = 2.0039$，逆泛化因子 $K_{u2} = 46.8257$，广义相关系数 $h_2 = 0.7490$；

泛组合运算模型 3 的泛化因子 $K_{\theta_2} = 88.1569$，$K_{\dot{\theta}_2} = 13.3333$，逆泛化因子 $K_{u3} = 22.1240$，广义相关系数 $h_3 = 0.7529$；

泛组合运算模型 4 的泛化因子 $K_{\theta_3} = 86.1176$，$K_{\dot{\theta}_3} = 24.7333$，逆泛化因子 $K_{u4} = 8.4792$，广义相关系数 $h_4 = 0.9255$；

线性加权求和模块的加权系数 $K_1 = 0.302$，$K_2 = -0.0588$，$K_3 = 0.2157$，$K_4 = -0.5451$。

2. 稳定控制实验结果

不难理解，在高级数倒立摆系统中，小车位移及各级摆杆的初始值对系统的控制情况有很大影响，通过实验研究发现：各级摆杆角度的符号正负相间时，系统较难控制；各级摆杆角度的符号一致时，系统较易控制。这里分别在这两种情况下对系统进行稳定控制的仿真实验。

(1) 各级摆杆角度的符号正负相间

当系统的初态为 $X = [0.15 \ -0.01 \ 0.01 \ -0.001 \ 0 \ 0.03 \ 0.04 \ 0.05]$ 时,控制目标为使各状态量回归到平衡位置 0 处,控制效果见图 5-20 和图 5-21。

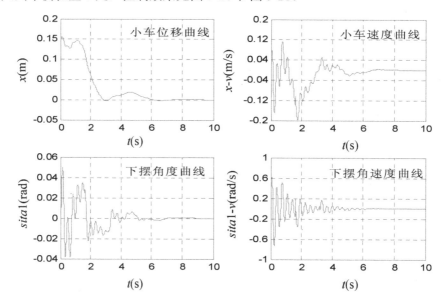

图 5-20　三级倒立摆系统的 ULC_Ⅰ型泛逻辑稳定控制实验 1(a)

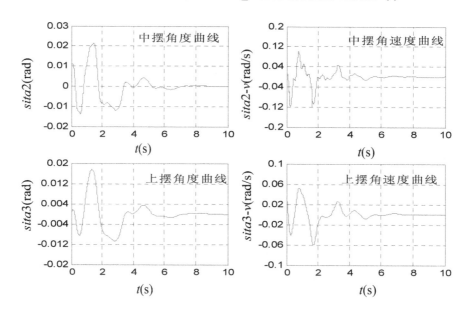

图 5-21　三级倒立摆系统的 ULC_Ⅰ型泛逻辑稳定控制实验 1(b)

(2) 各级摆杆角度的符号一致

当系统的初态为 $X = [0.25\ 0.03\ 0.03\ 0.03\ 0\ 0.02\ 0.02\ -0.02]$ 时，控制目标为使各状态量回归到平衡位置 0 处，控制效果见图 5-22 和图 5-23。

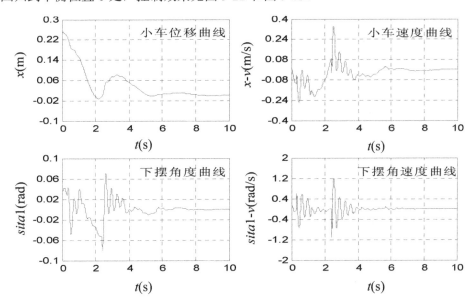

图 5-22 三级倒立摆系统的 ULC_Ⅰ型泛逻辑稳定控制实验 2(a)

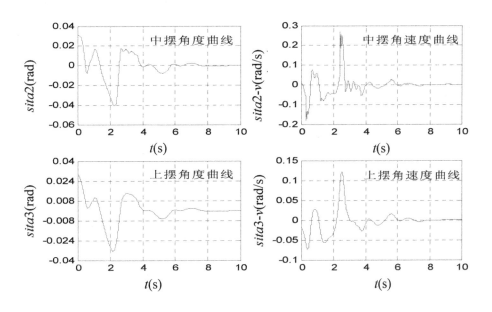

图 5-23 三级倒立摆系统的 ULC_Ⅰ型泛逻辑稳定控制实验 2(b)

3. 抗干扰控制实验结果

在三级倒立摆系统的稳定控制过程中，给上摆角度人为增加一个增量，模拟实际控制中的外力干扰，图 5-24 为抗干扰控制仿真实验中系统四个一阶状态量的变化曲线。

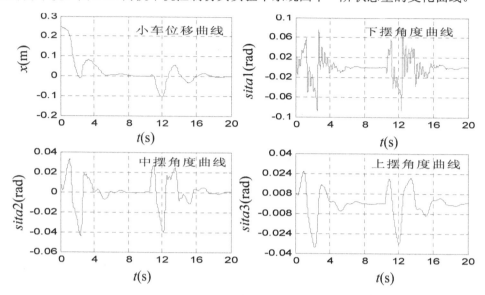

图 5-24 三级倒立摆系统的 ULC_Ⅰ型泛逻辑抗干扰实验

4. 泛逻辑控制和模糊控制的比较

采用带有自调整因子的模糊控制器[15]对三级倒立摆系统进行稳定控制，控制器结构类似于图 5-19，但用模糊控制器代替其中的泛组合运算模型。定义模糊控制器输入量模糊论域的量化等级为 8，输出控制量模糊论域的量化等级为 12，经参数优化后得到控制参数如下：

小车子控制器的量化因子 6.9216、22.5333，比例因子 0.6902，位移的最大权值 0.7472，最小权值 0.4157；

下摆子控制器的量化因子 23.7255、2.6157，比例因子 2.3059，下摆角度的最大权值 0.8775，最小权值 0.7294；

中摆子控制器的量化因子 106.1961、11.2745，比例因子 2.1647，中摆角度的最大权值 0.9500，最小权值 0.3725；

上摆子控制器的量化因子 88.5098、12.7647，比例因子 1.9137，上摆角度的最大权值 0.9916，最小权值 0.2157；

线性加权求和模块的加权系数 0.2784、−0.9922、0.7255 和 −0.9137。

ULC_Ⅰ型泛逻辑控制器和模糊控制器对三级倒立摆的控制效果比较如图 5-25 所示，其中实线表示泛逻辑控制下的状态量曲线，虚线表示模糊控制下的状态量曲线。系统的初态为

$$X = [0.07\ 0.01\ 0.01\ 0.01\ 0.01\ -0.02\ 0\ 0]。$$

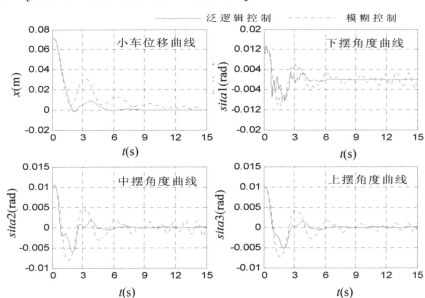

图 5-25　三级倒立摆系统的泛逻辑控制和模糊控制比较

在模糊控制和泛逻辑控制下，三级倒立摆系统的具体数据见表 5-3。由于三级系统稳定控制器对各状态变量的变化较一级和二级系统更敏感，故认为小车位移小于 0.01 m，且各摆杆角度均小于 0.003 rad 时，系统控制成功。

表 5-3　模糊控制和泛逻辑控制的效果比较

指标　控制方法	最大偏离量				调节时间 (s)
	小车位移 (m)	下摆角度 (rad)	中摆角度 (rad)	上摆角度 (rad)	
模糊控制	0.0316	0.0106	0.0080	0.0074	4.6950
泛逻辑控制	0.0087	0.0083	0.0061	0.0053	2.4700

注：根据前文关于"最大偏离量"的修正定义，该指标为控制过程中由于控制方法本身造成的响应曲线偏离稳态时的最大值。因此，表 5-3 中小车位移的最大偏离量不是 0.07 m（小车位移的初态），而是在 1.5 s 后曲线偏离稳态时的最大值。对各级摆杆角度最大偏离量的计算也做了类似修正。

分析图 5-25 和表 5-3 发现，泛逻辑控制和带有自调整因子的模糊控制相比，系统中小车位移、下摆角度、中摆角度和上摆角度的最大偏离量分别比模糊控制减小了 72%、22

％、24％和 28％，系统的调节时间减少了 47％。泛逻辑控制更好地完成了系统的控制任务，在控制快速性和稳定性方面表现更好。

5.5 本章小结

本章首先以典型线性系统为控制对象，验证了柔性泛逻辑智能控制对简单系统的有效性，其次以 n 级倒立摆系统为实验对象，验证泛逻辑控制理论在解决复杂对象控制问题时的有效性和优越性。

多级倒立摆系统是一个理想的自动控制研究设备，它本身是一个自然不稳定体，是日常生活中所见到的任何重心在上、支点在下的控制问题的抽象，对它的控制规律可以推广到一般的复杂系统控制中，它也是一个验证控制方法的典型平台。

为了解决倒立摆的控制问题，本章首先建立了 n 级倒立摆的物理模型，其次利用 Lagrange 方程推导出一到三级倒立摆的数学模型，最后通过线性化操作在平衡位置附近建立了一级、二级倒立摆的线性模型。

基于前述各种数学模型，本章最后实现了一级倒立摆的自动起摆控制和泛逻辑稳定控制；完成了二级倒立摆实物的 ULC_Ⅰ型和 ULC_Ⅱ型泛逻辑稳定控制、行走控制和抗干扰控制，并比较了泛逻辑控制器和 LQR、模糊控制器、拟人智能控制器的控制效果；仿真了三级倒立摆的 ULC_Ⅰ型泛逻辑稳定控制和抗干扰控制，并与模糊控制器的控制效果进行了比较。一系列的仿真和实物实验证明了泛逻辑控制理论的有效性和优越性。

第6章 ULICM 关键参数分析

刻画输入量之间相互关系的广义相关系数 h、刻画输入量测量误差的广义自相关系数 k，以及连续可变的决策门限 e 的引入，是泛逻辑控制方法区别于其他智能控制方法的重要特征。在上一章设计的泛逻辑控制器中，由于输入量通过传感器测量得到，比人的观察更准确，可近似视为精确量，故选用零级泛组合运算模型（$k=0.5$）作为控制器的核心（如果输入量有明显误差或传感器测量误差不能忽略，则选择一级泛组合运算模型，并对 k 做相应调整）；决策门限选择最一般的情况，即当控制器论域为 $[a,b]$ 时，表示弃权的幺元 $e=(a+b)/2$（在实际控制中，如果决策门限明显倾向于某一方，则对 e 做相应调整）。此时，在泛逻辑控制器的三个参变量 e、h 和 k 中，广义相关系数 h 的影响显得尤为重要。而且，在前文关于 ULICM 的大量实验中，h 对控制系统性能的重要调节作用也已初步显现。因此，本章将通过大量实验分析泛逻辑控制器中的广义相关系数，探讨实际应用中 h 的物理意义以及它对控制效果造成影响的规律。

6.1 广义相关性的涵义

前文已经提到，h 是广义相关系数（Generalized Correlation Coefficient），刻画了命题之间的相互关系，即广义相关性，可以在$[0,1]$区间上连续变化。

在中国古典哲学中，世间万事万物都是相关的，不是相生就是相克，非此即彼。通常的相关性只研究相生关系，但在广义逻辑学中的相关性是既考虑相生相关又考虑相克相关的相关性，即广义相关性。泛逻辑学中对相生关系、相克关系以及随之产生的广义相关性（系数）[28,56]描述如下：

(1) 相生关系是各种包容关系和共生关系的抽象，其中存在吸引力 x 和排斥力 p 一对矛盾，其相关性可用相关系数 $g=x-p$ 刻画。当吸引力最大（$x=1$）排斥力最小（$p=0$）时，表现为最大相吸状态（$g=1$）；当吸引力和排斥力相等（$x=p=0.5$）时，表现为独立相关状态（$g=0$）；当吸引力最小（$x=0$）排斥力最大（$p=1$）时，表现为最大相斥状态（$g=-1$）。相生系数 $g \in [-1,1]$。

(2) 相克关系是各种相互抑制关系如敌对关系和生存竞争关系的抽象，其中存在杀伤力 s 和生存力 c 一对矛盾，其相关性可用相克系数 $f=s-c$ 刻画。当杀伤力最大（$s=1$）

生存力最小（ $c=0$ ）时，表现为最大相克状态（ $f=1$ ）；当杀伤力和生存力相等（ $s=c=0.5$ ）时，表现为僵持状态（ $f=0$ ）；当杀伤力最小（ $s=0$ ）生存力最大（ $c=1$ ）时，表现为最小相克状态（ $f=-1$ ）。相克系数 $f \in [-1,1]$ 。

(3) 广义相关性认为，相生和相克不是两个完全独立无关的相关关系，从相生到相克是连续过渡的。因此，最小相克与最大相斥是同一种状态，都表现为双方尽可能不接触且互不杀伤，是广义相关的中性状态即相生性和相克性的分界线。

(4) 广义相关性的大小是连续变化的：从有利于生存的观点看，最大相吸状态是广义相关的最大状态，最大相克状态是广义相关的最小状态。随着相容性从最大不断减少，广义相关性从最大相吸状态连续变小，经过独立相关状态到达中间状态（最大相斥状态即最小相克状态）；接下去随着相克性的不断增大，广义相关性从最小相克状态连续变小，经过僵持状态到达最大相克状态。

(5) 广义相关性是一种存在于命题之间的互相关性，广义相关性的连续变化可用表示互相关程度的广义相关系数 $h \in [0,1]$ 来刻画：$h=1$ 表示最大相吸状态；$h=0.75$ 表示独立相关状态；$h=0.5$ 表示最大相斥状态；$h=0.25$ 表示僵持状态；$h=0$ 表示最大相克状态。即相生相关时 $h=(3+g)/4$ ，相克相关时 $h=(1-f)/4$ 。

(6) 在有些情况下，系统内部存在相生力和相克力一对矛盾，其相关性可直接用广义相关系数 h 来刻画。当相生力最大相克力最小时，表现为最大广义相关状态，$h=1$ ；当相生力和相克力相等时，表现为中性广义相关状态，$h=0.5$ ；当相生力最小相克力最大时，表现为最小广义相关状态，$h=0$ 。

6.2 广义相关系数 h 的调节作用

根据 6.1 节对广义相关系数 h 的理论分析，不难得出：在泛逻辑控制器中，h 从最小广义相关到最大广义相关的连续变化会对控制效果造成不同的影响；反过来，系统不同的控制效果也能反映输入变量之间不同的相互关系。以下将基于两类实验，揭示广义相关系数 h 的重要调节作用。即：在控制参数组确定之前，如何根据输入量之间的关系（或控制要求）预设 h 的范围；以及在控制参数组确定之后，如何调节 h 以进一步完善系统性能或适应变化了的控制要求。

由于多维泛逻辑控制器从本质上可以看作是多个二维泛逻辑控制器的串联或者并联形式。因此，为了更清楚、直观地说明广义相关系数 h 的调节作用，以下将以二维泛逻辑控制系统作为实验平台。

6.2.1 对 h 预设的规律

在泛逻辑控制系统中，广义相关系数 h 从 0 到 1 连续变化表征了控制器输入变量之间的关系从相克关系到相生关系逐渐过渡，其中有几个特殊点：表示最大相克状态的 $h=0$，表示僵持状态的 $h=0.25$，表示最大相斥状态的 $h=0.5$，表示独立相关状态的 $h=0.75$ 和表示最大相吸状态的 $h=1$。

下面的实验将对这 5 个特殊点的系统性能进行研究分析，找到 h 影响系统控制效果的规律。基于这种规律，在泛逻辑控制参数优化之前，就可以根据输入变量之间的相互关系（或者具体的控制要求），预先设定 h 的变化范围，达到简化控制器设计、精确实现控制要求的目的。

1. 实验的基本参数设置

这里以具有式 6-1 所示传递函数的常规二阶系统为实验对象，其状态空间方程和输出方程如式 6-2。

$$G(s) = \frac{2}{2s^2 + s} \tag{6-1}$$

$$\begin{cases} \begin{bmatrix} \dot{x}_1 \\ \dot{x}_2 \end{bmatrix} = \begin{bmatrix} -0.5 & 0 \\ 1 & 0 \end{bmatrix} \begin{bmatrix} x_1 \\ x_2 \end{bmatrix} + \begin{bmatrix} 1 \\ 0 \end{bmatrix} u \\ Y = \begin{bmatrix} 0 & 1 \end{bmatrix} \begin{bmatrix} x_1 \\ x_2 \end{bmatrix} \end{cases} \tag{6-2}$$

令控制目标是使系统状态方程中的两个分量都趋近于零，因此 $e_i = x_i$。根据泛逻辑控制器的设计原则，选择图 4-7 所示的二维控制器结构，控制器的论域选作 $[-8,8]$，幺元 $e=0$，采样周期 $T=0.005\ \text{s}$。

由于式 6-1 是任意被控对象的数学抽象，不特指某一具体系统，因此在不等权的参数优化模块中，给两个状态变量赋予相同的权值，同时为了尽快实现控制任务，给较早控制周期的控制效果赋予较大的权值。评价函数定义如式 6-3，其中 m 是控制参数评价的总周期数。

$$fitness = \frac{1}{\displaystyle\sum_{k=1}^{m} \frac{(m-k+1)^2}{m}[0.5x_1(k)^2 + 0.5x_2(k)^2]} \tag{6-3}$$

分别假定被控系统的两个输入量之间具有最大相克、僵持、最大相斥（最小相克）、独立相关和最大相吸的关系，即 h 分别为 0、0.25、0.5、0.75 和 1，在 h 已定并且不等权的参数寻优模块内部设置不变的情况下，优化得到这几个特殊点的控制参数组如表 6-1 所示。

表 6-1　h 在几个特殊点时的控制参数

参数组别	广义相关系数 h	x_1 的泛化因子 K_1	x_2 的泛化因子 K_2	u 的逆泛化因子 K_u
1	0	73.9451	153.8824	0.3648
2	0.25	9.3804	4.0000	3.0000
3	0.5	5.5373	4.0000	1.4942
4	0.75	8.6118	6.3059	0.3648
5	1	9.3804	7.0745	0.3648

2. 系统的控制效果

当被控对象的初态为 [0.5 −0.3] 时，这 5 个特殊点的控制效果如图 6-1 所示，h 从 0 变化到 1 分别对应曲线组 1～5。为了更清晰地说明控制初期系统的控制效果，图 6-1 中的时间设定为 5 s。

5 组曲线在几个关键时间点处的具体状态值如表 6-2 和表 6-3 所示，其中周期 i 表示 t 时刻对应第 i 个控制周期。

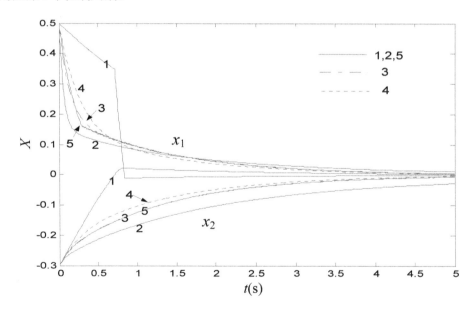

图 6-1　h 在五个特殊点处的控制效果

表 6-2　被控量 x_1 在几个关键时间点的状态值

时间 t(s)	0.25	0.5	0.75	1	2	3	4
周期 i	50	100	150	200	400	600	800
$h=0$	0.4423	0.3903	0.2573	-0.0103	-0.0062	-0.0038	-0.0023
$h=0.25$	0.1352	0.1122	0.0958	0.0825	0.0479	0.0290	0.0290
$h=0.5$	0.2034	0.1401	0.1126	0.0930	0.0441	0.0209	0.0099
$h=0.75$	0.2601	0.1576	0.1088	0.0821	0.0367	0.0174	0.0080
$h=1$	0.1895	0.1354	0.1150	0.0943	0.0442	0.0207	0.0097

表 6-3　被控量 x_2 在几个关键时间点的状态值

时间 t(s)	0.25	0.5	0.75	1	2	3	4
周期 i	50	100	150	200	400	600	800
$h=0$	-0.1846	-0.0805	0.0102	0.0202	0.0121	0.0071	0.0042
$h=0.25$	-0.2448	-0.2142	-0.1882	-0.1659	-0.1026	-0.0649	-0.0649
$h=0.5$	-0.2234	-0.1818	-0.1504	-0.1248	-0.0592	-0.0281	-0.0133
$h=0.75$	-0.2108	-0.1600	-0.1273	-0.1036	-0.0482	-0.0223	-0.0101
$h=1$	-0.2208	-0.1823	-0.1509	-0.1249	-0.0586	-0.0275	-0.0129

3.　实验分析和规律总结

观察图 6-1、表 6-2 和表 6-3，有以下结论。

(1)　$h=0$ 时

泛逻辑控制器的两个输入变量之间为最大相克状态，杀伤力最大，生存力最小。对应图 6-1 的两条曲线 1。

观察发现两条曲线都不光滑。x_1 的变化曲线可近似看作首尾相连的三条直线，在 0.5 s 和 1 s 之间有两个转折点，而且在整个控制过程中，x_1 从正的最大值变化为负的最小值，然后逐渐向零回归。x_2 的变化曲线可以近似看作首尾相连的两条直线，在 0.92 s 之前急剧减小，直到越过平衡点成为正值，然后运动趋势发生改变，缓慢向零趋近。

对于控制问题而言，被控量应平滑地向控制目标逼近，尽量不出现阶跃、抖动或者超调。但 $h=0$ 时的两条曲线都不光滑，而且都有越过平衡位置然后再回归的超调现象。

也就是说，x_1 和 x_2 的控制效果都很差，控制失败的可能性很大。对两个被控量而言，系统的控制效果表现为"**为了让你控制失败，我宁可无法成功控制**"。

（2） $h = 0.25$ 时

泛逻辑控制器的两个输入变量之间为相克关系中的僵持状态，杀伤力和生存力均等。对应图 6-1 中的两条曲线 2。

观察发现两条曲线都比较光滑。对 x_1 而言，整个控制过程中被控量都快速地向目标位置收敛，但由于 0.2s 前后曲线的收敛速度变化比较大，稳定性表现较差。对 x_2 而言，曲线虽然平滑，但收敛速度是 5 条同类曲线中最慢的，在实际应用中可能由于无法满足控制的快速性要求归为失败的控制。

也就是说，x_1 控制的快速性最好，但稳定性太差，x_2 控制的稳定性最好，但快速性很差。对两个被控量而言，系统的控制效果表现为"**在尽量让你控制不成功的前提下，我成功控制**"。

（3） $h = 0.5$ 时

泛逻辑控制器的两个输入变量之间为相生关系中的最大相斥状态或者相克关系中的最小相克状态，即中性广义相关，此时杀伤力最小、生存力最大，排斥力最大、吸引力最小。对应图 6-1 中的两条点划曲线 3。

观察发现 x_1 和 x_2 都平滑地向目标位置收敛，综合来看，在 5 组曲线中控制效果居中。

也就是说，x_1 和 x_2 都能成功到达目标位置，且效果比较好。对两个被控量而言，系统的控制效果表现为"**互不干涉，各自都能成功控制**"。

$h = 0.5$ 是控制效果的一个分界线：如果 h 减小，控制朝着"**损人**"的方向进行，直到 $h = 0$ 时的"**损人不利己**"；如果 h 增大，控制朝着"**利它**"的方向进行，直到 $h = 1$ 时的"**舍己为人**"。

（4） $h = 0.75$ 时

泛逻辑控制器的两个输入变量之间为相生关系中的独立相关状态，排斥力和吸引力均等。对应图 6-1 中的两条虚线 4。

观察发现和 $h = 0.5$ 时相比，x_1 的收敛更平滑，x_2 的收敛更快速，即 x_1 的控制效果比 $h = 0.5$ 时的稳定性好、快速性差，x_2 的控制效果比 $h = 0.5$ 时的快速性好、稳定性差。

也就是说，在成功控制的前提下，x_1 和 x_2 都通过牺牲自己的某种控制性能，提高了对方的这种控制性能。对两个被控量而言，控制效果表现为"**在保证你控制效果更好的前提下，我也要成功控制**"。

（5） $h = 1$ 时

泛逻辑控制器的两个输入变量之间为相生关系中的最大相吸状态，排斥力最小，吸引力最大。对应图 6-1 中的两条曲线 5。

观察发现 x_1 和 x_2 都比较平滑地向目标位置收敛。对 x_1 而言，控制的快速性比 $h = 0.5$ 和 $h = 0.75$ 时有明显改善，然而在 0.25 s 左右曲线的收敛不太平缓，稳定性变差；对 x_2 而言，

控制的稳定性比 $h=0.75$ 时好，和 $h=0.5$ 时接近，但快速性变差。

也就是说，x_1 和 x_2 都通过进一步牺牲自己的某种控制性能，提高了对方的这种控制性能，而且这种牺牲有可能导致自己控制的失败。对两个被控量而言，系统的控制效果表现为"**为了让你更成功地控制，我宁可自己不能成功控制**"。

基于以上分析，在泛逻辑控制参数优化之前，可以根据输入量之间的相互关系或者期望得到的系统性能，确定广义相关系数 h 的大致变化范围，从而达到简化控制器设计、精确实现控制要求的目的。

6.2.2 对 h 微调的规律

广义相关系数 h 是泛逻辑控制模型的重要参数，对系统性能具有调节作用。在实际工程应用中，当系统的泛逻辑控制参数确定之后，可以通过微调 h，进一步改善系统性能或适应变化了的具体控制要求。相关的规律可以从下面的实验得到。

1. 实验的基本参数设置

这里仍以具有式 6-1 传递函数形式的二阶被控系统为实验平台，控制目标是使系统状态方程中的两个分量都趋近于零，泛逻辑控制器的论域为 $[-8,8]$，幺元 $e=0$，采样周期 $T=0.005\,s$。不等权的参数优化模块中，评价函数定义同式 6-3。

由于没有指定具体的被控对象，输入量之间的相互关系未定，因此 h 的优化范围暂定为 $[0,1]$。经不等权的参数优化后，得到泛逻辑控制器的控制参数组为：x_1 的泛化因子 $K_1=10.0000$，x_2 的泛化因子 $K_2=7.4510$，u 的逆泛化因子 $K_u=6.6667$，广义相关系数 $h=0.4980$。

基于这组泛逻辑控制参数，在向 0 和向 1 的方向对 h 微调，同时保持其余控制参数不变，得到表 6-4 中的 6 组控制参数。使用这 6 组参数控制该二阶系统，观察状态量的变化曲线，得出对 h 微调的规律。

表 6-4 对 h 微调后的几组控制参数

参数组别	K_1	K_2	K_u	h	h 的变化情况
1	10.0000	7.4510	6.6667	0.0996	↑（减小）
2	10.0000	7.4510	6.6667	0.1992	↑（减小）
3	10.0000	7.4510	6.6667	0.2988	↑（减小）
4	10.0000	7.4510	6.6667	0.3984	↑（减小）
5	10.0000	7.4510	6.6667	0.4980	基准点，全局寻优得到的 h
6	10.0000	7.4510	6.6667	0.5012	↓（增大）

2. 系统的控制效果

当被控对象的初态为 $[0.5\ -0.3]$ 时，这 6 组控制曲线如图 6-2 所示，h 从 0 附近开始，经过基准点 0.4980 再向 1 的方向变化，分别对应曲线组 1～6。6 组曲线在几个关键时间点处的具体状态值如表 6-5 和表 6-6 所示。

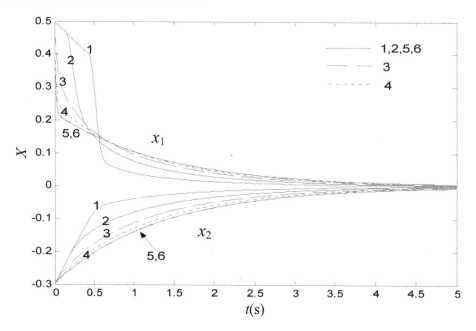

图 6-2 控制参数确定后 h 微调对控制效果的影响

表 6-5 被控量 x_1 在几个关键时间点的状态值

时间 t(s)	0.25	0.5	0.75	1	2	3	4
周期 i	50	100	150	200	400	600	800
$h=0.0996$	0.4423	0.3167	0.0570	0.0393	0.0135	0.0057	0.0026
$h=0.1992$	0.3341	0.1518	0.1031	0.0754	0.0279	0.0121	0.0055
$h=0.2988$	0.2297	0.1659	0.1253	0.0970	0.0395	0.0176	0.0081
$h=0.3984$	0.2013	0.1597	0.1279	0.1032	0.0457	0.0210	0.0098
$h=0.4980$	0.1844	0.1528	0.1266	0.1050	0.0496	0.0234	0.0111
$h=0.5012$	0.1840	0.1526	0.1266	0.1050	0.0497	0.0235	0.0111

表 6-6　被控量 x_2 在几个关键时间点的状态值

时间 t(s)	0.25	0.5	0.75	1	2	3	4
周期 i	50	100	150	200	400	600	800
$h=0.0996$	-0.1846	-0.0819	-0.0516	-0.0397	-0.0163	-0.0073	-0.0034
$h=0.1992$	-0.1883	-0.1347	-0.1033	-0.0812	-0.0343	-0.0155	-0.0072
$h=0.2988$	-0.2260	-0.1771	-0.1409	-0.1132	-0.0499	-0.0229	-0.0107
$h=0.3984$	-0.2396	-0.1947	-0.1588	$--0.1300$	-0.0595	-0.0277	-0.0130
$h=0.4980$	-0.2461	-0.2040	-0.1691	-0.1402	-0.0662	-0.0313	-0.0148
$h=0.5012$	-0.2463	-0.2042	-0.1694	-0.1405	-0.0664	-0.0314	-0.0148

从基准点大幅度增大 h，如广义相关系数 $h=0.8$ 时，发现 x_1 和 x_2 出现剧烈抖动，如图 6-3 所示。

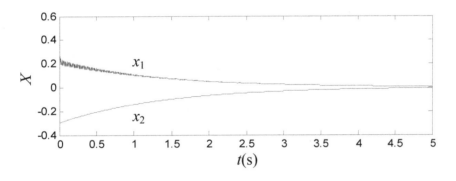

图 6-3　$h=0.8$ 时的控制效果图

3.　实验分析和规律总结

观察图 6-2、图 6-3 和表 6-5、表 6-6，有以下结论。

(1) h 从基准点逐渐减小时

分别对应图 6-2 中的曲线组 5～1。

观察发现，h 略微减小时（见曲线组 4 和 3），x_1 的收敛速度变慢，曲线变平缓，控制的快速性减弱，稳定性增强，在 $t<0.75$ s 时尤为明显；x_2 的收敛速度变快，控制的快速性增强，稳定性减弱；当 h 急剧减小时，如 $h=0.0996$（见曲线组 1），两条曲线变得不光滑，可近似视为几条直线的首尾连接。

也就是说，h 向 0 的方向微调时，调整量不宜过大，否则控制容易失败。对两个被控量而言，系统的控制效果表现为"**降低我的某种控制性能，增强你的对应控制性能**"。

(2) h 从基准点逐渐增大时

分别对应图 6-2 中的曲线组 5 和 6，以及图 6-3 中的对应曲线。

观察发现，如果 h 的调整量非常小（如曲线组 6 的相应调整量为 0.0032），则控制曲线几乎和曲线组 5 重合；当调整量较大时，x_1 和 x_2 都出现了剧烈的抖动（见图 6-3 中的锯齿），而且对 x_1 的影响更大。

也就是说，h 向 1 的方向微调时，如果调整量非常微小，则控制效果变化不大，但只要 h 稍稍增大，x_1 和 x_2 都会出现剧烈抖动，控制失败。对两个被控量而言，系统的控制效果表现为"**控制效果都变差，且对 x_1 的影响更大**"。

(3) h 微调的规律

根据以上分析可知，对于在 $h \in [0,1]$ 范围内寻优得到的控制参数组，如果希望增强 x_1 控制的稳定性（或 x_2 控制的快速性），要向 0 的方向对 h 微调（调整量不宜过大），但会相应地削弱 x_1 控制的快速性（或 x_2 控制的稳定性）；如果向 1 的方向大幅度增大 h，x_1 和 x_2 都会出现剧烈地抖动，且对 x_1 的影响较大，控制失败。

6.3 倒立摆控制系统中广义相关系数 h 的分析

倒立摆系统具有结构简单、构件组成参数易于改变的特性，是进一步检验和改进泛逻辑控制方法的理想实验平台。在倒立摆系统结构变换的各种方法中，最简单的即调整摆杆长度。随着摆杆长度的变化，摆杆质量、摆杆子控制器的广义相关系数、甚至多个子控制器之间的相互关系都要随之改变。本节试图通过一系列实验，寻找倒立摆控制系统中各广义相关系数 h 的物理意义。

6.3.1 三种类型泛逻辑控制系统中 h 的分析

在倒立摆稳定控制问题的泛控制解决方案中，可以采用 ULC_Ⅰ、ULC_Ⅱ 和 ULC_Ⅲ 三种类型的控制器对系统进行控制。以下实验将对这三种控制系统中的广义相关系数进行参数分析。

1. 实验的基本参数设置

在第 5 章使用的一级倒立摆系统基础上，多次增加和减小下摆的长度，得到七个具有不同物理参数的倒立摆系统，它们相应的摆杆长度和质量如表 6-7 所示，其他物理参数同表 5-1。

表 6-7　七个具有不同下摆长度的倒立摆系统参数

No.	下摆质量 (kg)	下摆质心到转轴的距离长度 (m)	转动惯量 $(kg \cdot m^2)$
1	0.0216	0.0745	$3.9962e-5$
2	0.0284	0.0955	$8.6338e-5$
3	0.03775	0.133	$2.2259e-4$
4	0.04933	0.177	$5.1515e-4$
5	0.06205	0.22175	$1.0171e--3$
6	0.07725	0.2765	$1.9686e-3$
7	0.09655	0.3455	$3.8417e-3$

ULC_Ⅰ和 ULC_Ⅱ型泛逻辑控制器的内部结构类似,如图 5-5 所示。但前者采用[-8,8] 上的零级泛组合运算模型,而后者采用[-8,8] 上的线性加权零级泛组合运算模型。

ULC_Ⅲ型泛逻辑控制器结构如图 6-4 所示,其中泛组合模型 1 和 2 采用[-8,8]上的零级形式,泛组合模型 3 采用[-8,8]上的零级线性加权形式。

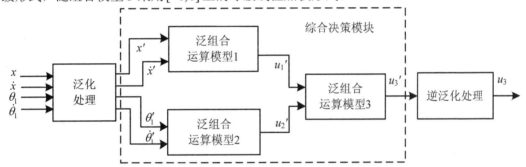

图 6-4　一级倒立摆系统的 ULC_Ⅲ型泛逻辑稳定控制器结构

2. 实验结果

在评价函数定义如式 5-40 的情况下,用不等权的参数优化模块分别对七个物理系统的三种控制器参数寻优,得到以下结果。其中:

K_x、$K_{\dot x}$ 和 K_{u1} 分别指小车位移的泛化因子、小车速度的泛化因子和泛组合模型 1 输出的逆泛化因子;

K_{θ_1}、$K_{\dot\theta_1}$ 和 K_{u2} 分别指下摆角度的泛化因子、下摆角速度的泛化因子和泛组合模型 2 输出的逆泛化因子;

h_x、h_{θ_1} 分别指泛组合模型 1 和 2 的广义相关系数;

K_1、K_2 指线性加权求和模块对泛组合模型 1、2 输出的加权系数；

a_{0_x}、a_{s_x}、$a_{0\_\theta_1}$ 和 $a_{s\_\theta_1}$ 分别指小车位移的最小权值、最大权值，下摆角度的最小权值、最大权值；

h_u、K_{u3}、k_x 和 k_{θ_1} 分别指 ULC_Ⅲ型泛控制器中泛组合模型 3 的广义相关系数、输出的逆泛化因子、两个输入 u_1' 和 u_2' 的加权系数。

表 6-8　ULC_Ⅰ型控制器的控制参数

No.	K_x	$K_{\dot{x}}$	K_{u1}	K_{θ_1}	$K_{\dot{\theta_1}}$	K_{u2}	h_x	h_{θ_1}	K_1	K_2
1	17.831	21.961	2.427	33.177	4.314	2.250	0.490	0.580	−0.286	0.820
2	20.811	7.745	1.466	40.078	4.126	2.583	0.361	0.628	−0.835	0.843
3	14.519	22.255	1.397	40.078	4.502	2.074	0.435	0.628	−0.545	0.929
4	19.486	20.980	1.270	40.078	4.157	3.172	0.435	0.588	−0.757	0.867
5	19.486	25.098	1.887	45.255	4.408	3.083	0.647	0.631	−0.490	0.757
6	15.264	16.569	1.515	40.078	4.471	2.897	0.459	0.588	−0.639	0.984
7	19.818	5.882	1.427	47.608	5.035	3.211	0.326	0.643	−0.561	0.867

表 6-9　ULC_Ⅱ型控制器的控制参数

No.	K_x	$K_{\dot{x}}$	K_{u1}	K_{θ_1}	$K_{\dot{\theta_1}}$	K_{u2}	h_x
1	25.530	27.059	1.260	25.490	4.000	2.397	0.224
2	25.530	18.922	1.309	26.588	4.063	3.642	0.298
3	10.794	28.039	2.191	23.608	4.471	3.299	0.471
4	9.304	26.078	2.201	27.059	4.377	3.270	0.600
5	24.040	28.039	2.250	22.667	4.314	3.309	0.275
6	14.602	19.608	2.819	22.039	4.031	3.397	0.624
7	23.957	23.039	2.054	25.647	4.847	3.554	0.357

No.	K_1	K_2	a_{0_x}	$a_{0\_\theta_1}$	a_{s_x}	$a_{s\_\theta_1}$	h_{θ_1}
1	−0.247	0.969	0.635	0.506	0.744	0.754	0.329
2	−0.341	0.694	0.239	0.439	0.436	0.647	0.428
3	−0.177	0.608	0.510	0.561	0.615	0.776	0.526
4	−0.192	0.757	0.475	0.404	0.660	0.922	0.278
5	−0.082	0.867	0.467	0.522	0.587	0.966	0.377
6	−0.090	0.788	0.271	0.471	0.839	0.945	0.714
7	−0.137	1.000	0.228	0.549	0.624	0.712	0.416

表 6-10   ULC_III型控制器的控制参数

No.	K_x	$K_{\dot{x}}$	K_{θ_1}	$K_{\dot{\theta}_1}$	K_{u3}	h_x	h_{θ_1}	h_u	k_x	k_{θ_1}
1	21.722	12.333	33.020	4.126	2.142	**0.392**	**0.573**	**0.518**	− 0.412	0.992
2	23.791	10.647	40.078	4.282	2.260	**0.412**	**0.616**	**0.773**	− 0.506	0.984
3	27.020	6.922	50.745	4.628	2.515	**0.286**	**0.671**	**0.529**	− 0.451	0.953
4	11.870	13.549	31.137	4.000	3.397	**0.510**	**0.616**	**0.780**	− 0.561	0.977
5	13.195	13.157	40.706	4.596	2.672	**0.498**	**0.690**	**0.828**	− 0.569	0.945
6	13.857	8.804	40.078	4.408	3.240	**0.380**	**0.671**	**0.777**	− 0.506	0.984
7	15.264	7.196	40.078	4.941	2.740	**0.329**	**0.647**	**0.835**	− 0.380	0.984

3. 实验分析和规律总结

观察分析表 6-8～表 6-10，有如下结论。

(1) 小车子控制器的广义相关系数 h_x 大都略低于0.5。

ULC_ I 型泛逻辑控制器中 $h_x \in [0.326, 0.647]$ ， ULC_ II 型泛逻辑控制器中 $h_x \in [0.224, 0.624]$ ，ULC_III型泛逻辑控制器中 $h_x \in [0.286, 0.510]$ ，大都略低于0.5。即，在小车子控制器内部，对小车位移和小车速度的控制而言，控制稍有"损人"的倾向。

从小车位移的角度分析该"损人"的倾向：通过略微降低小车速度的控制效果，保证小车位移控制的成功、乃至整个系统的动态平衡。毕竟，在倒立摆稳定控制中，小车速度控制和其他几个被控量的控制有一定的对立性，控制小车速度无限趋近于零时，会降低对摆角度、摆角速度和小车位移的控制精度，从而导致后三者不可能有很好的控制效果；反之，如果摆角度、摆角速度和小车位移有很好的控制效果，小车速度不可能保持在 0 附近小范围内低速震荡。同理，也可以从小车速度的角度分析该"损人"的倾向。

在 ULC_ II 型泛逻辑控制器中，由于对小车位移和速度分别引入了表示控制重要性的加权因子，部分地分担了广义相关性对控制效果造成的影响，因此 h_x 的变化范围更大。

(2) 下摆子控制器的广义相关系数 h_{θ_1} 大都略高于0.5。

ULC_ I 型泛逻辑控制器中 $h_{\theta_1} \in [0.580, 0.643]$ ， ULC_ II 型泛逻辑控制器中 $h_{\theta_1} \in [0.278, 0.714]$ ，ULC_III型泛逻辑控制器中 $h_{\theta_1} \in [0.573, 0.690]$ 。即，对下摆角度和角速度的控制而言，控制稍有"利它"的倾向。

从下摆角度的方面分析该倾向：通过略微提高下摆角速度的控制效果，以保证对下摆角度更有效地控制。毕竟，摆的控制问题是系统的主要控制问题，当摆杆速度过大，即震荡剧烈的情形下，下摆子系统更难达到稳定，"利它"是为了保证更好的"利己"。从下摆角速度方面对"利它"倾向的分析类似。

在 ULC_Ⅱ型泛逻辑控制器中，由于对下摆角度和角速度分别引入了表示控制重要性的加权因子，部分地分担了广义相关性对控制效果造成的影响，因此 h_{θ_1} 的变化范围更大。

(3) ULC_Ⅲ型泛逻辑控制器中的 h_u 略高于 0.5。

在 ULC_Ⅲ型泛逻辑控制器中，$h_u \in [0.518, 0.835]$。即，对小车控制子目标和下摆控制子目标而言，控制有"利它"的倾向。该倾向反映了这样的事实：倒立摆系统的稳定控制目标由两个互相耦合的控制子目标构成，这两个控制子目标互相牵制，其中之一控制的失败会导致另一个控制的失败直至整个系统的控制失败，因此在控制过程中除了要保证自己的成功控制外，还要尽量优先考虑对方的控制效果，而且这种"利它"的倾向还没有达到为了对方的高性能控制而"大公无私"的地步。

(4) 三种类型泛逻辑控制器的区别。

ULC_Ⅰ和在 ULC_Ⅲ型控制器待优化的参数个数（10 个）比 ULC_Ⅱ型（14 个）少，但 h_x 和 h_{θ_1} 的变化范围小；ULC_Ⅱ型控制器对输入变量引入了带自调整因子的权值，使控制量的决策能随着控制过程的进行在线调整；ULC_Ⅲ型控制器以泛组合运算模型代替线性加权求和模块，适宜子控制器耦合程度更高的情形，如用于高级数系统中摆杆子控制器输出的综合。

6.3.2 摆杆长度对 h 的影响

上面实验中的控制参数组是在 n 维空间内用不等权的参数优化模块寻优得到的，是多个分量的组合。因此，对某一特定物理系统而言，最佳的控制参数组可能有多个，摆杆长度的变化对广义相关系数 h 的具体影响规律不明显。因此，以下实验将固定除 h 以外的其他控制参数，只对需要考察的广义相关系数寻优，并分析其变化趋势。

1. 实验的基本参数设置

针对表 6-7 所示的七个不同的倒立摆系统，主要对泛逻辑控制器中的广义相关系数寻优，基本参数设置同节 6.3.1 的实验设置。

由于摆杆长度的变化主要影响下摆子控制器的广义相关系数 h_{θ_1}，而如果采用 ULC_Ⅲ

型控制器，进而会影响泛组合模型 3 的广义相关系数 h_u，故需着重分析的广义相关系数只有 h_{θ_1} 和 h_u 两类。

又因为 ULC_Ⅱ型控制器中 h_{θ_1} 的范围比较大，具体变化规律不明显。所以以下实验仅对 ULC_Ⅰ型控制器中的广义相关系数 h_{θ_1} 和 ULC_Ⅲ型控制器中的广义相关系数 h_u 进行参数分析。

此时，令 ULC_Ⅰ型控制器中除 h_{θ_1} 之外的控制参数如表 6-11 所示，ULC_Ⅲ型控制器中除 h_u 之外的控制参数如表 6-12 所示。

表 6-11　ULC_Ⅰ型控制器中的初始控制参数设置

K_x	$K_{\dot{x}}$	K_{u1}	K_{θ_1}	$K_{\dot{\theta_1}}$	K_{u2}	h_x	K_1	K_2
19.486	20.980	1.270	40.078	4.157	3.172	0.435	-0.757	0.867

表 6-12　ULC_Ⅲ型控制器中的初始控制参数设置

K_x	$K_{\dot{x}}$	K_{θ_1}	$K_{\dot{\theta_1}}$	K_{u3}	h_x	h_{θ_1}	k_x	k_{θ_1}
11.870	13.549	31.137	4.000	3.397	0.510	0.616	-0.561	0.977

2.　实验结果

随着摆杆的增长，寻优得到系统 1～7 的 ULC_Ⅰ型控制器中的 h_{θ_1} 和 ULC_Ⅲ型控制器中的 h_u 如表 6-13、6-14 所示。

表 6-13　系统 1～7 的 ULC_Ⅰ型控制器中的 h_{θ_1}

No.	1	2	3	4	5	6	7
h_{θ_1}	0.651	0.635	0.600	0.588	0.588	0.580	0.575

表 6-14　系统 1～7 的 ULC_Ⅲ型控制器中的 h_u

No.	1	2	3	4	5	6	7
h_u	0.749	0.757	0.773	0.780	0.871	0.877	0.922

3. 实验分析和规律总结

观察分析表 6-13 和表 6-14，有以下结论。

(1) ULC_Ⅰ型控制器中的 h_{θ_1} 随摆杆增长而减小。

下摆子控制器的广义相关系数 $h_{\theta_1} \in [0.575, 0.651]$，而且随着摆杆增长不断减小。也就是说，摆杆长度增加，对下摆角度控制和角速度控制而言，"利它"的倾向逐渐减小。对应于实际应用中，同一个下摆振荡频率（或下摆角度）对具有较短摆杆的系统影响更大。

(2) ULC_Ⅲ型控制器中的 h_u 随摆杆增长而增大。

ULC_Ⅲ型控制器中的 $h_u \in [0.749, 0.922]$，而且随着摆杆增长不断增大。也就是说，对于小车子控制目标和下摆子控制目标而言，随着摆杆长度的增加，控制的"利它"倾向逐渐增强。对应于实际应用中，摆杆越长，两个控制子系统之间的互相影响越大，控制越困难，越要优先考虑对方的控制效果。

(3) 摆杆继续增长或变短时的情况。

以上实验中，摆杆长度在 $[0.0745, 0.3455]$ m 之间变化，但在实际应用中，由于控制电机所能提供的控制精度和最大功率有限，当摆杆过长或过短时，上述规律有可能受到影响。

6.3.3 对 h 微调的规律

1. 实验的基本参数设置

以下以 ULC_Ⅲ型的实物倒立摆控制系统为对象，固定其他控制参数，只对广义相关系数 h_u 向 0 和 1 的方向微调，探索 h_u 和系统控制效果之间的关系。系统的主要物理参数见表 5-1，控制参数如表 6-15 所示。

表 6-15 实物倒立摆的 ULC_Ⅲ型泛逻辑控制参数

K_x	$K_{\dot{x}}$	K_{θ_1}	$K_{\dot{\theta}_1}$	K_{u3}	h_x	h_{θ_1}	h_u	K_1	K_2
11.870	13.549	31.137	4.000	3.397	0.510	0.616	0.780	−0.561	0.977

2. 实验结果

图 6-5～图 6-9 分别是以上控制参数在 h_u 从 0.780 向 0 方向微调为 0.5、0.3，向 1 方向微调为 0.9、1，而其他控制参数不变的情况下的控制效果。

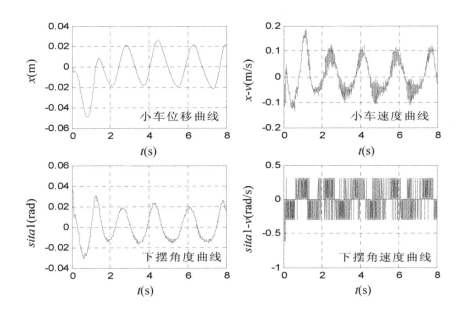

图 6-5 $h_u = 0.780$ 时倒立摆系统的控制效果

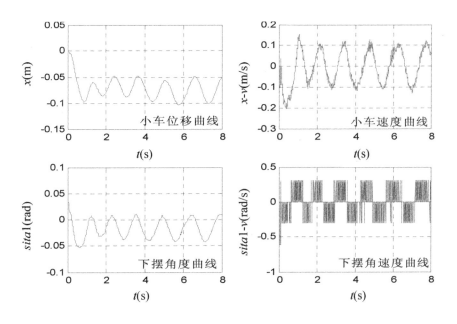

图 6-6 $h_u = 0.5$ 时倒立摆系统的控制效果

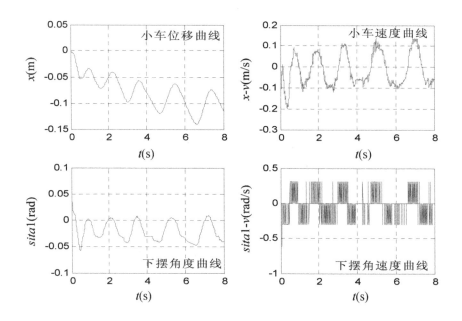

图 6-7 $h_u=0.3$ 时倒立摆系统的控制效果

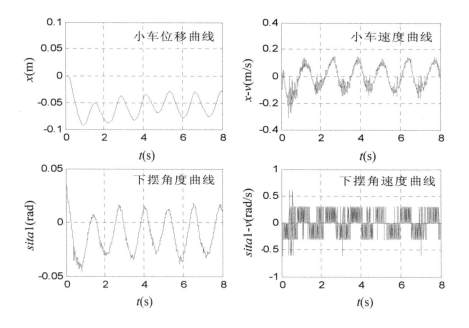

图 6-8 $h_u=0.9$ 时倒立摆系统的控制效果

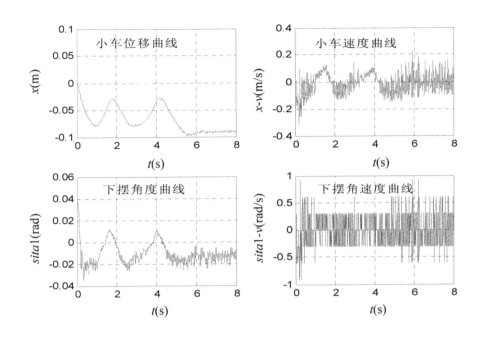

图 6-9 $h_u = 1$ 时倒立摆系统的控制效果

3. 实验分析和规律总结

观察分析图 6-5～图 6-9，有以下结论。

(1) h_u 的变化规律更复杂。

广义相关系数 h_u 表示小车子控制目标和下摆子控制目标之间的相互关系，而它们又各自包含两个更简单的控制目标，因此 h_u 的变化规律比简单的两输入泛逻辑控制系统中的广义相关系数复杂得多。

(2) h_u 减小，控制有"损人不利己"的倾向。

广义相关系数 h_u 从 0.780 向 0 的方向依次减小为 0.5 和 0.3 时，控制效果见图 6-5～图 6-7。

观察发现，随着 h_u 的减小，小车子系统和下摆子系统的控制效果在不同方面都有所变差。例如：系统稳定后，小车位移的中心位置由 $h_u = 0.780$ 时的 0 m 左右变化为 $h_u = 0.5$ 时的 -0.075 m 和 $h_u = 0.3$ 时的 -0.1 m 左右；下摆角度的中心位置也由 $h_u = 0.780$ 时的 0 rad 左右，变化为 $h_u = 0.5$ 时的 -0.02 rad 左右和 $h_u = 0.3$ 时的 -0.025 rad 左右。即，随着 h_u 的减小，对小车子系统和下摆子系统而言，控制有"损人不利己"的倾向，直至整个系统控制失败。

(3) h_u 增大，控制有"舍己为人"的倾向。

广义相关系数 h_u 从 0.780 向 1 的方向依次增加为 0.9 和 1 时，控制效果见图 6-5、图

6-8 和图 6-9。

观察发现，随着 h_u 的增大，小车子系统和下摆子系统的控制效果都在有些方面变好，有些方面变差。例如，系统稳定后，$h_u = 0.780$ 时小车位移从 2 s 开始在中心位置震荡，$h_u = 0.9$ 时小车位移从 1.8 s 左右开始在中心位置震荡，时间略有减少，但此时小车位移的中心位置由 0 m 变为 -0.05 m，由在导轨中心的等幅震荡变为不等幅震荡；同时，下摆角度的最大偏离量由 $h_u = 0.780$ 时的 0.06 rad 变为 $h_u = 0.9$ 时的 0.05 rad，略有减小，但此时下摆角度的中心位置由 0 rad 变为 -0.015 rad 左右。当 $h_u = 1$ 时，理论上两个子系统都有"为了对方的成功控制而大公无私"的倾向，但由于倒立摆系统由这两个子系统耦合构成，任何一方控制效果的变差都会对另一方造成重大影响，因此图 6-9 中小车位移的中心位置在 -0.1 m 处，下摆角度和角速度曲线的抖动也很大，总的来看，系统的控制效果极差，可归为不成功的控制。

(4) 以上规律和线性泛逻辑控制系统的相关规律基本一致。

虽然以上分析是基于复杂被控系统的，但大致规律与二维线性泛逻辑控制系统的相关规律一致。即：对两个被控对象而言，当广义相关系数向 0 减小时，控制有"损人"的倾向；当广义相关系数向 1 增大时，控制有"利它"的倾向；代价都是降低该对象的控制效果。由于倒立摆系统包含多个子系统、多个被控量，且相互耦合比较紧密，因此广义相关系数 h_u 不能简单地以 0.5 为"损人和利它"的分界线。也正是由于系统各变量之间的紧密耦合，使得对 h_u 的微调造成了系统性能的复杂变化，而这种系统性能的改变，很难进行简单的优劣评判。

6.4 本章小结

本章对泛逻辑控制器中的广义相关系数进行参数分析，通过大量实验，研究 h 的变化对控制效果造成影响的规律，以及 h 和系统相关物理参数之间的对应关系，发现如何在控制参数组确定之前根据控制目标之间的关系对 h 预设，以及如何在控制参数组确定之后通过 h 对系统性能进行微调的一些规律。

6.2 节基于二维线性泛逻辑控制系统，研究对 h 预设和微调的规律，结论如下。

两个控制子目标在 $h = 0$ 时表现为"为了让你控制失败，我宁可无法成功控制"；在 $h = 0.25$ 时表现为"在尽量让你控制不成功的前提下，我成功控制"；在 $h = 0.5$ 时表现为"互不干涉，各自都能成功控制"；在 $h = 0.75$ 时表现为"在保证你控制效果更好的前提下，我也要成功控制"；在 $h = 1$ 时表现为"为了让你更成功地控制，我宁可自己不能成功控制"。

对被控量为 x_1 和 x_2 的二维泛逻辑控制系统而言，控制参数组确定之后，如果希望增

强 x_1 控制的稳定性（或 x_2 控制的快速性），要向 0 的方向对 h 微调（调整量不宜过大），但会相应地削弱 x_1 控制的快速性（或 x_2 控制的稳定性）；如果向 1 的方向大幅度增大 h，x_1 和 x_2 都会出现剧烈抖动，且对 x_1 的影响较大，控制失败。

6.3 节以倒立摆为对象，分析了复杂系统中的广义相关系数，结论如下。

在三种类型的倒立摆泛逻辑控制系统中，小车子控制器的广义相关系数 h_x 大都略低于 0.5；下摆子控制器的广义相关系数 h_{θ_1} 大都略高于 0.5；ULC_III型控制系统中，刻画两个子系统相互关系的广义相关系数 h_u 略高于 0.5。

在系统其他物理参数不变的情况下，ULC_I型控制器中的广义相关系数 h_{θ_1} 随着摆杆增长不断减小，ULC_III型控制器中的广义相关系数 h_u 随着摆杆增长不断增加。

在 ULC_III型倒立摆控制系统中，广义相关系数 h_u 的变化规律十分复杂，导致的系统性能改变也很难进行简单地优劣评价。总的来说，h_u 减小，控制有"损人不利己"的趋势；h_u 增大，控制有"舍己为人"的趋势。

第7章 总 结

随着现代科学技术的迅速发展，生产系统规模的逐渐扩大，复杂大系统越来越普遍，这种系统的非线性的、混沌的或事先不确定的动态行为，导致了控制对象、控制器以及控制任务和目的的日益复杂化。此时，传统的控制理论和方法已经不能满足其控制的需要，具有认知和仿人功能、能适应不确定环境等特性的智能控制理论应运而生。

目前智能控制方法的逻辑基础主要是经典逻辑和模糊逻辑，然而经典逻辑只适用于完全对立的二值世界，无法满足描述千变万化的现实世界的需要；模糊逻辑虽然承认了命题真值的连续可变性，但其命题连接词仍然是刚性的。因此，研究和设计以具有广泛柔性特征的逻辑学为理论基础的智能控制方法是有必要和有意义的。

本书重点研究了智能控制模型的柔性化问题，首先对现有智能控制方法进行改进优化，提出一种融合了 LQR 和 GA 的智能控制模型 ICM-LG，它结合了线性二次型最优调节原理、拟人智能控制理论和遗传算法的优点，不依赖系统数学模型的精确性，不需要对系统物理特性和控制规律细致分析，避免了繁琐的控制参数预定和二次手工调节，其不等权的参数优化模块使控制过程更能反映各控制子目标优先级的不同，以及对控制快速性、稳定性要求侧重点的不同。

在此基础上，本书对 ICM-LG 的逻辑基础进一步柔性化，提出一种更符合被控对象特点的泛逻辑智能控制模型 ULICM。该方法不依赖系统数学模型的精确性，控制输出的决策考虑到被控量之间的相互关系和测量误差的影响，并允许决策门限连续可变，控制器的设计对被控对象的变化也不像其他智能控制器那样敏感和具有很强的针对性。对典型线性系统的成功控制证明了该模型的有效性和优越性。

为了进一步验证泛逻辑智能控制模型在解决复杂系统控制问题时的有效性和优越性，基于 n 级倒立摆系统的物理模型和数学模型，分别实现了一级倒立摆的自动起摆和泛逻辑稳定控制，二级倒立摆实物系统的 ULC_Ⅰ型和 ULC_Ⅱ型泛逻辑稳定控制、自动行走控制和抗干扰控制，以及三级倒立摆仿真系统的 ULC_Ⅰ型泛逻辑稳定控制和抗干扰控制。

在设计实现 ULC_Ⅰ型、ULC_Ⅱ型和 ULC_Ⅲ型泛逻辑控制系统的大量实验中，发现了广义相关系数 h 对控制系统性能有重要的调节作用，这是泛逻辑控制模型特有的。因此本书最后部分通过大量实验，总结了在控制参数组确定之前根据控制目标之间的关系对 h 预设，以及在控制参数组确定之后通过 h 对系统性能进行微调的一些规律。

本书重点研究了智能控制的柔性化问题，对一种改进了的智能控制模型 ICM-LG 和一种新的基于柔性逻辑的泛逻辑控制模型 ULICM 进行了详细阐述，并对 ULICM 中广义相关系数的重要调节作用进行研究，取得了一些阶段性成果。同时，也发现了一些值得进一步探讨和深入的问题。

1. **多种智能控制方法的融合**

类似于智能控制模型 ICM-LG 对拟人智能控制方法、线性二次型最优控制原理和遗传算法的融合，可以对目前的智能控制方法取长补短，互相融合，从而提高智能控制的应用水平。

2. **对泛逻辑智能控制模型 ULICM 的进一步研究**

对 ULICM 的研究还处于探索阶段，在后续的研究中，可以从以下方面继续进行：

(1) 由于本书将传感器测量得到的系统变量视为精确量，在目前使用的泛逻辑控制器中 k 暂时固定为 0.5，后续的工作中可以将 k 向 0 和 1 的方向扩展，分析广义自相关系数 k 和控制效果、以及和系统物理参数之间的关系；

(2) 本书中泛逻辑控制器的决策门限 e 暂定为中间值，以后的工作可以对决策门限向"保守"或"激进"的方向扩展，对控制器的控制效果进行分析，寻找 e 对系统性能的调节作用；

(3) 目前 ULC_Ⅱ 和 ULC_Ⅲ 型泛逻辑控制器只采用了线性加权形式的泛组合运算模型，可以尝试将 [0,1] 区间上的指数加权零级泛组合运算模型推广到 $[a,b]$ 区间，进而引入泛逻辑控制器中，并对其控制效果进行探讨；

(4) 随着泛逻辑理论的发展，可以基于多元泛组合运算模型构建多维泛逻辑控制器，从而进一步简化控制器的内部结构和参数优化过程；

(5) 泛逻辑控制方法目前仅仅借鉴了泛逻辑学中柔性的真值域和柔性的命题连接词，以后可以进一步引入其柔性的量词和推理模式等，从而改善其性能；

(6) 将泛逻辑控制模型用于解决其他复杂对象的控制问题，在应用中进一步完善该智能控制理论。

3. **对泛逻辑控制和其他智能控制方法关系的研究**

从理论上讲，泛逻辑控制方法是一个具有多个参数的控制方法簇（谱），通过对多种智能控制方法的研究比较，分析它们和泛逻辑控制方法的关系，找到它们在这个谱中的位置。

总之，智能控制这一近年来新兴的研究领域正处于深入开展的阶段，希望本书的研究能为以后相关领域的工作提供一些有用的参考和启发。

附录：主要缩写表

IC：Intelligent Control 智能控制

AC：Automation Contorl 自动控制

AI：Artificial Intelligence 人工智能

OR：Operations Research 运筹学

CS：Computer Science 计算机科学技术

IT：Information Theroy 信息论

FLC：Fuzzy Logic Control 模糊逻辑控制

HSIC：Human Simulated Intelligent Control 仿人智能控制

NNC：Neural Network Controller 神经网络控制器

LQR：Linear Quadratic Regulator 线性二次型调节器

GA：Genetic Algorithm 遗传算法

ICM-LG：Intelligent Control Model integrated with LQR and GA
融合了 LQR 和 GA 的智能控制模型

ULICM：Universal Logics Intelligent Control model
泛逻辑智能控制模型

ULCM：Universal Logics Control model 泛逻辑控制模型

ULC：Universal Logics Control 泛逻辑控制

ULC：Universal Logics Controller 泛逻辑控制器

UC：Universal Controller 泛控制器

参考文献

[1] [美] 维纳著. 控制论[M]. 郝季仁，译. 北京：北京大学出版社，2007.

[2] [美] GeneF.Franklin，J.DavidPowell，AbbasEmami-Naeini 著. 自动控制原理与设计（第5 版）[M]. 李中华，张雨浓，译. 北京：人民邮电出版社，2007.

[3] 胡寿松. 自动控制原理（第 5 版）[M]. 北京：国防工业出版社，2007.

[4] [日] 绪方胜彦著. 现代控制工程[M]. 卢伯英，佟明安，罗维铭，译. 北京：科学处干涉，1980.

[5] 韩敏，潘学军，席剑辉. 自动控制原理[M]. 北京：人民邮电出版社，2015.

[6] 田思庆，李艳辉. 自动控制原理[M]. 北京：北京工业出版社，2015.

[7] 刘小河，管萍，刘丽华，马洁. 自动控制原理[M]. 北京：高等教育出版社，2014.

[8] 杨平，翁思义等. 自动控制原理简明篇[M]. 北京：中国电力出版社，2001.

[9] 丛爽. 智能控制系统及其应用[M]. 合肥：中国科学技术大学出版社，2013.

[10] 孙增圻，邓志东，张再兴. 智能控制理论与技术（第 2 版）[M]. 北京：清华大学出版社，2011.

[11] 刘金琨. 智能控制（第 3 版）[M]. 北京：电子工业出版社，2014.

[12] 郭广颂. 智能控制技术北京[M]. 北京：北京航空航天大学出版社，2014.

[13] 蔡自兴，余伶俐，肖晓明. 智能控制原理与应用（第 2 版）[M]. 北京：清华大学出版社，2014.

[14] 蔡自兴. 智能控制导论（第 2 版）[M]. 北京：中国水利水电出版社，2013.

[15] 李士勇. 模糊控制·神经控制和智能控制论（第 2 版）[M]. 哈尔滨：哈尔滨工业大学出版社，1998.

[16] 李士勇，李巍. 智能控制[M]. 哈尔滨：哈尔滨工业大学出版社，2011.

[17] 韩力群. 智能控制理论及应用[M]. 北京：机械工业出版社，2008.

[18] 阎平凡，张长水. 人工神经网络与模拟进化计算[M]. 北京：清华大学出版社，2000.

[19] 蔡自兴. 人工智能控制[M]. 北京：化学工业出版社，2005.

[20] 孙增圻. 智能控制理论与技术[M]. 北京：清华大学出版社，1997.

[21] 周德俭，吴斌. 智能控制[M]. 重庆：重庆大学出版社，2005.

[22] 李士勇. 复杂系统，非线性科学与智能控制理论[J]. 计算机自动测量与控制，8(4):1-3，2000.

[23] 谢克明，侯宏仑. 复杂系统的智能控制方法[J]. 太原理工大学学报，29(6)：568-572，1998.

[24] K. Fu. Learning control systems and intelligent control systems: An intersection of artifical intelligence and automatic control[J]. IEEE Transactions on Automatic Control,

16(1)：70-72，1971．

[25] 李人厚．智能控制理论和方法[M]．西安：西安电子科技大学出版社，2000．

[26] K. J. Astrom，J. J. Anton，K. E. rzén．Expert control[J]．Automatica，22(3)：277-286，1986．

[27] 杨汝清．智能控制工程[M]．上海：上海交通大学出版社，2001．

[28] 何华灿．泛逻辑学原理[M]．北京：科学出版社，2001．

[29] 鲁斌．泛逻辑神经元模型研究[J]．计算机工程与应用，41(6)：82-84，2005．

[30] 毛明毅，何华灿，陈志成，葛敬亚．分形图像的泛逻辑运算模型[J]．计算机工程与应用，40(2)：23-25，2004．

[31] 鲁斌，何华灿．泛模糊逻辑控制器研究[J]．计算机工程与应用，39(16)：13-16，2003．

[32] 金翅，何华灿．三值光计算机的基本原理[J]．中国科学：E 辑，33(2)：111-115，2003．

[33] 金翅，何华灿，艾丽蓉．进位直达并行三值光计算机加法器原理[J]，中国科学：E 辑，34(8)：930-938，2004．

[34] 付利华．复杂系统的柔性逻辑控制理论及应用研究[D]．西安：西北工业大学，2005．

[35] 楼世博．模糊数学[M]．北京：科学出版社，1983．

[36] 金耀初，诸静．模糊控制原理与应用[M]．北京：机械工业出版社，1995．

[37] 李祖枢．力矩受限单摆的摆起倒立控制——仿人智能控制在非线性系统中的应用[J]．控制理论与应用，16(2)：225-229，1999．

[38] 李祖枢，涂亚庆．仿人智能控制[M]．北京：国防工业出版社，2003．

[39] 李祖枢，徐鸣．一种新型的仿人智能控制器 (SHIC) [J]．自动化学报，16(6)：503-509，1990．

[40] Z. Qijian，B. Jianguo．An Intelligent Controller of Novel Design[C]．Proceedings of A Multi-National Instrumentation Conference，83：137-149，1983．

[41] 李祖枢，张华，温永玲，王桂平．基于动觉智能图式的仿人智能控制[J]．第 5 届全球智能控制与自动化大会论文集,3:2423-2427，2004．

[42] Z.Ming-Lian，S.Chang-Ling，Y.Ya-Wei．Human-imitating control for 2-D inverted pendulum[J]．Control and Decision，17(1)：53-56，2002．

[43] C.Li，M.L.Zhang. Human-Imitating Intelligent Control Based on Physical Model[J]．Acta Aeronautica et Astronautica Sinica，25：148-152，2004．

[44] C.Li，M.L.Zhang，Z.X.Zhang．Stabilization of Parallel-type Inverted Pendulum Based on Human-imitating Control[J]．Acta Aeronautica et Astronautica Sinica，27(1)：115-119，2006．

[45] 司昌龙，张明廉. 一种拟人智能控制的控制律定量方法[J]. 系统仿真学报，16(3)：381-383，2004.

[46] 张明廉，孙昌龄. 拟人智能控制与三级倒立摆[J]. 航空学报，16(6)：654-661，1995.

[47] 徐丽娜. 神经网络控制[M]. 哈尔滨：哈尔滨工业大学出版社，1999.

[48] 易继锴，侯媛彬. 智能控制技术[M]. 北京：北京工业大学出版社，1999.

[49] 张钟俊，蔡自兴. 智能控制与智能控制系统[J]. 信息与控制，18(5)：30-39，1989.

[50] L.A.Zadeh，G.J.Klir，B.Yuan. Fuzzy Sets，Fuzzy Logic，and Fuzzy Systems[M]. World Scientific Pub Co Inc，1996.

[51] L.A.Zadeh. Fuzzy logic = computing with words[J]. IEEE Transactions on Fuzzy Systems，4：103-111，1996.

[52] G.J.Klir，B.Yuan. Fuzzy sets and fuzzy logic: theory and applications[M]. NJ，USA：Prentice-Hall，Inc，1994.

[53] 汪培庄. 模糊集合论及其应用[M]. 上海：上海科学技术出版社，1983.

[54] L.A.扎德. 模糊集合，语言变量及模糊逻辑[M]. 北京：科学出版社，1982.

[55] 何新贵. 模糊知识处理的理论与技术[M]. 北京：国防工业出版社，1998.

[56] H.C.He. Universal Logics Principle[M]. BeiJing：Chinese Science Press，2001.

[57] 陈丹，何华灿. 一种新的基于弱 T 范数簇的神经元模型[J]. 计算机学报，24(10)：1115-1120，2001.

[58] 马盈仓，何华灿，薛占熬. 基于零级泛与运算的泛逻辑中广义重言式理论[J]. 计算机工程与应用，43(3)：16-18，2007.

[59] 王万森，何华灿. 基于泛逻辑学的逻辑关系柔性化研究[J]. 软件学报，16 (5)：754-760，2005.

[60] 薛占熬，何华灿. 泛逻辑学的蕴涵性质[J]. 计算机科学，32(5)：137-139，2005.

[61] 何华灿，刘永怀，白振兴，艾丽蓉，王瑛. 一级泛非运算研究[J]. 计算机学报，21(s1)：24-28，1998.

[62] 王万森，何华灿. 基于 Schweizer 算子簇的柔性概率逻辑算子的研究[J]. 计算机科学，35(1)：178-180，2008.

[63] H.He，Y.Liu，D.He. Generalized logic in experience thinking[J]. Science in China (Series E)，39(3)：225-234，1996.

[64] W.Wang，H.He. The study of flexible logic based on universal logic[J]. Mini-Micro Systems，25 (12)：2116-2119，2004.

[65] H. Huacan，A.Lirong，W. Hua. Uncertainties and the Flexible Logics[C]. Proceedings of

International Conference on Machine Learning，4：2573-2578，2003.

[66] 陈志成. 复杂系统中分形混沌与逻辑的相关性推理研究[D]. 西安：西北工业大学，2004.

[67] 陈志成，何华灿，毛明毅. 任意区间上的广义 N 范数与生成元[J]，西北工业大学学报， 23(3)：347-351，2005.

[68] 陈阳舟. 周期时变线性系统的一般线性二次型最优控制[J]. 控制理论与应用，19(3)：415-418，2002.

[69] 王耀青. LQ 最优控制系统加权矩阵 Q 的一种数值算法[J]. 控制与决策，15(5)：513-517，2000.

[70] 黄丹，周少武，吴新开，张志飞. 基于 LQR 最优调节器的倒立摆控制系统[J]. 微计算机信息，20(2)：37-38，2004.

[71] 王芳，周军. 二级倒立摆的三种控制方法比较[J]. 空军工程大学学报：自然科学版，5(2)：37-40，2004.

[72] 张姝. 倒立摆网络控制系统的研究及实现[D]. 浙江：浙江大学，2005.

[73] 丛爽，张冬军. 单级倒立摆三种控制方法的对比研究[J]. 系统工程与电子技术，23(11)：47-49，2001.

[74] 杨亚炜. 基于物理模型的拟人智能控制理论研究[D]. 北京：北京航空航天大学，1999.

[75] 杨亚炜，张明廉. 三级倒立摆的数控稳定实现[C]. 中国智能自动化学术论文集，504-510，1999.

[76] 司昌龙. 拟人智能控制及控制律转化研究[D]. 北京：北京航空航天大学，2003.

[77] 张飞舟，陈伟基. 拟人智能控制三级倒立摆机理的研究[J]. 北京航空航天大学学报，25(2)：151-155，1999.

[78] 石晓荣，张明廉. 一种基于神经网络和遗传算法的拟人智能控制方法[J]. 系统仿真学报，16(8)：1835-1838，2004.

[79] 廖道争，张明廉. 一类非线性系统的鲁棒拟人智能控制[J]. 北京航空航天大学学报，32(7)：793-796，2006.

[80] 陈国良，王煦法. 遗传算法及其应用[M]. 北京：人民邮电出版社，1996.

[81] 孙树栋，周明. 遗传算法原理及应用[M]. 北京：国防工业出版社，1999.

[82] 金慰刚. 自动控制原理[M]. 天津：天津科学技术出版社，1994.

[83] M.Yamakita，K.Furuta，K.Konohara，J.Hamada，H.Kusano. VSS adaptive control based on nonlinear model for TITech pendulum[C]. Proceedings of International Conference on Industrial Electronics，3：1488-1493，1992.

[84] W.R.Sturegeon，M.V.Loscutoff．Application of modal control and dynamic observers to control of a double inverted pendulum[C]．Proceedings of JACC，857-865，1972．

[85] J.Eker，K.J.Astrom．A nonlinear observer for the inverted pendulum[C]．Proceedings of the 1996 IEEE International Conference on Control Applications，4：332-337，1996．

[86] K.J.Astrom．Hybrid control of inverted pendulums[J]．Lecture notes in control and information sciences，241：150-163，1999．

[87] T.Shinbrot，C.Grebogi，J.Wisdom，J. A. Yorke. Chaos in a double pendulum[J]. American Journal of Physics，60(6)：491-499，1992．

[88] 固高科技．倒立摆 GIP 系列使用说明书[Z]．固高科技(深圳)有限公司，2005．

[89] 尹亚光．基于非线性时间序列模型的倒立摆起摆预测控制研究[D]．湖南：中南大学，2013．

[90] 张永立．空间多级倒立摆非线性控制方法研究[D]．辽宁：大连理工大学，2011．

[91] 王贤明，陈炜，赵新华．倒立摆系统起摆与稳摆控制算法研究综述[J]．自动化技术与应用，34(11)：5-9，2015．

[92] 王加银，李洪兴．基于变论域自适应模糊控制的倒立摆仿真与实物实现[D]．北京：北京师范大学，2002．

[93] 王伟，易建强，赵冬斌，刘殿通．Pendubot 的一种分层滑模控制方法[J]．控制理论与应用，22(3)：417-422，2005．

[94] A.Inoue，K.Nakayasu，S.Masuda．A swing up control of an inverted pendulum using a sliding mode control[C]．Proceedings of the 3rd International Conference on Motion and Vibration Control，1996．

[95] K.Furuta，M.Yamakita，S.Kobayashi．Swing-up control of inverted pendulum using pseudo-state feedback[C].Proceedings of the Institution of Mechanical Engineers. Pt. I. Journal of Systems and Control Engineering，206(49)：263-269，1992．

[96] M.Iwashiro，K.Furuta，K.J.Astrom. Energy based control of pendulum[C], Proceedings of the 1996 IEEE International Conference on Control Applications,，715-720，1996．

[97] K.J.Astrom，K.Furuta. Swinging up a pendulum by energy control[J]. Automatica，36(2)：287-295，2000．

[98] I.Fantoni，R.Lozano，M.W.Spong．Energy based control of the Pendubot[J]．IEEE Transactions on Automatic Control，45(4)：725-729，2000．

[99] M.Yamakita，M.Iwashiro，Y.Sugahara，K.Furuta．Robust swing up control of double pendulum[C]．Proceedings of American Control Conference，1：290-295，1995．

[100] 李祖枢，王育新，谭智，张华，温永玲. 小车二级摆系统的摆起倒立控制与实践[C]. 第五届全球智能控制自动化大会论文集，2004.

[101] 宋清昆，李东威. 二级倒立摆控制器设计及稳定性研究[J]. 计算机仿真，32(4)：305-309，2015.

[102] 李平，张重阳，陶文华，姚凌虹. 二级倒立摆的 Sugeno 型模糊神经网络控制[J]. 控制工程，16(4)：458-460，463，2009.

[103] 尹亚光. 基于非线性时间序列模型的倒立摆起摆预测控制研究[D]. 湖南：中南大学，2013.

[104] Navid Dini，Vahid Johari Majd. Model predictive control of a wheeled inverted pendulum robot[C]. Proceedings of 3rd RSI International Conference on Robotics and Mechatronics (ICROM)，152-157，2015.

[105] El Khansa Bdirina，Mohamed Seghir Boucherit，Ramdane Hadjar，Madni Zineb. State constrained predictive control of cart with inverted pendulum[C]. Proceedings of 3rd International Conference on Control, Engineering & Information Technology (CEIT)，1-6，2015.

[106] 余主正，杨马英. 基于网络时滞补偿的模型预测控制[J]. 控制工程，17(增刊)：18-21，29，2010.

[107] 王钰，谢慕君，李元春，云亭，曹开发. 基于滑模变结构的柔性倒立摆控制研究[J]. 计算机测量与控制，32(12)：4045-4048，2015.

[108] Hiroaki Fukushima，Keiji Muro，Fumitoshi Matsuno. Sliding-Mode Control for Transformation to an Inverted Pendulum Mode of a Mobile Robot With Wheel-Arms[J]. IEEE Transactions on Industrial Electronics，62(7)：4257-4266，2015.

[109] Punitkumar Bhavsar，Vijay Kumar. Trajectory Tracking of Linear Inverted Pendulum Using Integral Sliding Mode Control[J]. Intelligent Systems and Applications，2012(6)：31-38，2012.

[110] 解晶，张丽香，张晶. 二级倒立摆变结构控制改进方案的对比研究[J]. 计算机仿真，29(4)：397-400，2012.

[111] 秦超，高锋阳，庄圣贤等. 基于一种指数趋近率的 PMSM 滑模变结构控制[J]. 计算机仿真，30(12)：306-310，2013.

[112] 张敏. 二级倒立摆云模型 PID 控制研究[D]. 大连：大连海事大学，2016.

[113] 张永立，程会锋，李洪兴. 三级倒立摆的自动摆起与稳定控制[J]. 控制理论与应用，28(1)：37-45，2011.

[114] 王莹莹，王冬青. 基于卡尔曼滤波的二级倒立摆 LQR 控制方法[J]. 青岛大学学报(工程技术版)，30(3)：21-26，2015.

[115] Lal Bahadur Prasad，Barjeev Tyagi，Hari Om Gpta. Optimal Control of Nonlinear Inverted Pendulum System Using PID Controller and LQR: Performance Analysis Without and With Disturbance Input[J]. International Journal of Automation and Computing， 11(6)：661-670，2014.

[116] Parvathy S，Vijay Daniel P. Stabilization of an Inverted Pendulum using robust controller[C]. Proceedings of 9th International Conference on Intelligent Systems and Control (ISCO)，1-4，2015.

[117] N.Surendranath Reddy，M Srinivasa Saketh，Pikaso Pal，Rajeeb Dey. Optimal PID controller design of an inverted pendulum dynamics: A hybrid pole-placement & firefly algorithm approach[C]. Proceedings of 2016 IEEE First International Conference on Control， Measurement and Instrumentation (CMI)，305-310，2016.

[118] 宋运忠，张蛟龙，张伟. 基于性能协调的平面二级倒立摆控制[J]. 控制工程，18(2)：258-261，2011.

[119] 张谦，高容翔，王海泉，廖雷. 基于人工蜂群优化的环形二级倒立摆 H_∞鲁棒控制器设计[J]. 计算机测量与控制，23(8)：2699-2702，2015.

[120] 王洪斌，安志银. 旋转二级倒立摆的 H_∞鲁棒预测控制[J]. 武汉理工大学学报，32(24)：102-105，2010.

[121] 唐永川，刘枫，祁虔，李祖枢，高帆. 平面倒立摆系统的自校正仿人协调控制[J]. 西南大学学报(自然科学版)，35(10)：94-104，2013.

[122] 但远宏，李祖枢. 二级倒立摆 DU2UD 的非线性控制研究[J]. 测控技术，32(3)：53-56，2013.

[123] 但远宏，李祖枢，张小川，谭智. 二级倒立摆 UD2UU 的仿人智能控制分析[J]. 重庆大学学报，35(6)：134-140，2012.

[124] 王红旗，毛啊敏. 不确定平面二级倒立摆的鲁棒自适应控制[J]. 计算机工程与应用，51(11)：31-34，54，2015.

[125] 侯涛，范多旺，杨剑锋. 基于 T-S 型的平面倒立摆双闭环模糊控制研究[J].控制工程，19(5)：753-756，2012.

[126] 苗志宏，李洪兴. 平面运动 n 级倒立摆的鲁棒保成本模糊控制[J]. 模糊系统与数学，28(3)：62-74，2014.

[127] 张碧波. 基于模糊控制的三级倒立摆系统的控制器设计[D]. 石家庄：河北科技大学，

2015.

[128] 陈富国，邓冠男，谭彦华. 一种改进的三级倒立摆变论域模糊控制器设计[J]. 控制理论与应用，27(2)：234-237，2010.

[129] 谭彦华，李洪兴，许吉祥. 两类 B 样条模糊系统及其应用[J]. 控制理论与应用，28(11)：1651-1657，2011.

[130] Angela P. Duquino S.，Christian F. Rojas V.，Jose J. Soriano M.，Diana M. Ovalle M.. Design and Implementation of a CBR Interval Type-2 Fuzzy Controller for Stabilizing an Inverted Pendulum[C]. Proceedings of International Congress on Engineering (WEA)，1-6，2015.

[131] 武玉强，朱成龙. 车轨长度受限的并行双摆能量控制[J]. 控制理论与应用，32(9)：1254-1260，2015.

[132] Junichi Yokoyama，Kotaro Mihara，Haruo Suemitsu，Takami Matsuo. Swing-up control of a inverted pendulum by two step control strategy[C]. Proceedings of IEEE/SICE International Symposium on System Integration (SII)，1061-1066，2011.

[133] Tomohiro Henmi，Mingcong Deng，Akira Inoue. Unified method for swing-up control of double inverted pendulum systems[C]. Proceedings of the 2014 International Conference on Advanced Mechatronic Systems，572-577，2014.

[134] Astrom K J，Furuta K. Swinging up a pendulum by energy control[J]. Automatica，36(2)：287–295，2000.

[135] 王家军，刘栋良，王宝军. X-Z 倒立摆的一种饱和非线性稳定控制方法的研究[J]. 自动化学报，39(1)：92-96，2013.

[136] Michael Muehlebach，Raffaello D'Andrea. Nonlinear Analysis and Control of a Reaction-Wheel-Based 3-D Inverted Pendulum[J]. IEEE Transactions on Control Systems Technology，2016(99)：1-12，2016.

[137] 刘源，王佩雪，廖雷，王海泉. 基于改进蜂群算法的倒立摆控制器优化设计[J]. 计算机测量与控制，22(9)：2820-2822，2825，2014.

[138] Afshin Rahimi，Kaamran Raahemifar，Krishna Kumar，Hekmat Alighanbari. Controller Design for Rotary Inverted Pendulum System Using Particle Swarm Optimization Algorithm[C]. Proceedings of 26th IEEE Canadian Conference Of Electrical And Computer Engineering，pp.1-5，2013.

[139] Mathias H.Arbo，Paul A.Raijmakers，Valeri M.Mladenov. Applications of Neural Networks for Control of a Double Inverted Pendulum[C]. Proceedings of the 12th

Symposium on Neural Network Applications in Electrical Engineering，Serbia，pp. 89-92，2014.

[140] Chenguang Yang，Zhijun Li，Rongxin Cui，Bugong Xu．Neural Network-Based Motion Control of an Underactuated Wheeled Inverted Pendulum Model[J]. IEEE Transactions on Neural Networks and Learning Systems，25(11)：pp.2004-2016，2014.

[141] 朱胜，王雪洁，刘玮．周期时变系统的鲁棒自适应重复控制[J]. 自动化学报，40(11)：2391-2403，2014.

[142] Weiquan Ye，Zhijun Li，Chenguang Yang，Junjie Sun，Chun-Yi Su，Renquan Lu．Vision-Based Human Tracking Control of a Wheeled Inverted Pendulum Robot[J]. IEEE Transactions on Cybernetics，2015(99)：1-12，2015.

[143] 彭秀艳，胡忠辉，姜辉．二级倒立摆状态反馈控制器设计优化方法[J]. 控制工程，19(3)：462-466，2012.

[144] G.V.Nagesh Kumar，Jagu S.Rao，K.Srikanth．Stabilization at upright equilibrium position of rotary inverted pendulum using particle swarms with constrained optimization[C]. Proceedings of 2015 IEEE Workshop on Computational Intelligence: Theories， Applications and Future Directions (WCI)，1-5，2015.

[145] Haris Mansoor，Hazoor A. Bhutta．Genetic Algorithm Based Optimal Back Stepping Controller Design For Stabilizing Inverted Pendulum[C]. Proceedings of International Conference on Computing，Electronic and Electrical Engineering (ICE Cube)，6-9，2016.

[146] 郭海刚，张冀．三级倒立摆的混合控制[J]. 河南科技大学学报(自然科学版)，32(4)：79-82，2011.

[147] A.Shojaei，M.F.Othman，R.Rahmani，M.R.Rani．A Hybrid Control Scheme for a Rotational Inverted Pendulum[C]. Proceedings of UKSim 5th European Symposium on Computer Modeling and Simulation，83-87，2011.

[148] GAO Jun-wei，CAI Guo-qiang，JI Zhi-jian，QIN Yong，JIA Li-min．Adaptive neural-fuzzy control of triple inverted pendulum[J]. Control Theory & Applications，27(2)：278-282，2010.

[149] 阮晓钢，陈静．基于滑模思想和 Elman 网络的操作条件反射学习控制方法[J]. 控制与决策，26(9)：1398-1401，1406，2011.

[150] 廖道争．二级倒立摆的拟人智能控制[J]. 湖南工业大学学报，22(5)：62-64，2008.

[151] Jian Huang，Songhyok Ri，Lei Liu，Yongji Wang，Jiyong Kim，Gyongchol Pak．Nonlinear Disturbance Observer-Based Dynamic Surface Control of Mobile Wheeled Inverted

Pendulum[J]. IEEE Trasactions on Control Systems Technology, 23(6): 2400-2407, 2015.

[152] 李洪兴, 苗志宏. 四级倒立摆的变论域自适应模糊控制[J]. 中国科学: E 辑, 32(1): 65-75, 2002.

[153] 李洪兴, 苗志宏. 非线性系统的变论域稳定自适应模糊控制[J]. 中国科学: E 辑, 32(2): 211-223, 2002.

[154] 莫空. 变论域自适应模糊控制理论与四级倒立摆实物系统简介[J]. 北京师范大学学报: 自然科学版, 38(5): 618-619, 2002.

[155] 李洪兴. 变论域自适应模糊控制理论及其在平面运动三级倒立摆控制中的应用研究 [EB/OL]. http://www.nsfc.gov.cn/nsfc/20znzt/chengguo_113.htm, 2006-6-5.

[156] 百度百科.倒立摆. [EB/OL]http://baike.baidu.com/link?url=T7_qoCoJTmEIYGP80Ip7ym hP93LiDzjErlQDWFRvnhKH3oTv8XHeoD9m915Evbljl0Y219zg0jkQiktxCP2PEq, 2016 -03-18.

[157] 张华, 李祖枢, 古建功, 陈桂强, 谭智. 三连杆单杠体操机器人的仿人智能运动控制[J]. 重庆大学学报(自然科学版), 30(3): 74-78, 2007.

[158] 李诚, 张明廉, 张志新. 拟人控制平行单级双倒立摆[J]. 航空学报, 27(1): 115-119, 2006.

[159] 张明廉, 何卫东, 沈程智. 归约规则法仿人控制[C]. 第一届全球华人智能控制与智能自动化大会论文集, 291-296, 1993.

[160] 李德毅. 三级倒立摆的云控制方法及动平衡模式[J]. 中国工程科学, 1999(2): 41-46, 1999.

[161] 刘常昱, 李德毅, 潘莉莉. 基于云模型的不确定性知识表示[J]. 计算机工程与应用, 40(2): 32-35, 2004.

[162] 付斌, 李道国, 王慕快. 云模型研究的回顾与展望[J]. 计算机应用研究, 28(2): 421-426, 2011.

[163] M.Takahashi, T.Narukawa, K.Yoshida. Intelligent transfer and stabilization control to unstable equilibrium point of double inverted pendulum[C]. Proceedings of SICE Conference, 1451-1456, 2003.

[164] M.Takahashi, T.Narukawa, K.Yoshida. Intelligent control using destabilized and stabilized controllers for a swung up and inverted double pendulum[C]. Proceedings of IEEE International Symposium on Intelligent Control, 914-919, 2003.

[165] T.Tsuji, K.Ohnishi. A control of biped robot which applies inverted pendulum mode with virtual supporting point[C]. Proceedings of 7th International Workshop on Advanced

Motion Control，478-483，2002．

[166] Y.Takahashi，M. Kohda．Human Riding Experiments on Soft Front Wheel Raising of Robotic Wheelchair with Inverse Pendulum Control[C]．Proceedings of ICIT 2005. IEEE International Conference on Industrial Technology，266-271，2005．

[167] Y.Takahashi，T.Takagaki，J. Kishi，Y. Ishii．Back and forward moving scheme of front wheel raising for inverse pendulum control wheel chair robot[C]. Proceedings 2001 ICRA. IEEE International Conference on Robotics and Automation，4：3189－3194，2001．

[168] Y.Takahashi，N.Ishikawa，T.Hagiwara．Inverse pendulum controlled two wheel drive system[C]．Proceedings of the 40th SICE Annual Conference. International Session Papers，112-115，2001．

[169] Y.Jianqiang，N.Yubazaki，K. Hirota．Stabilization fuzzy control of parallel-type double inverted pendulum system[C]．Proceedings of The Ninth IEEE International Conference on Fuzzy Systems，2：817-822，2000．

[170] Y.Michitsuji，K.Furuta，M.Yamakita．Swing-up control of inverted pendulum using vibrational input[C]．Proceedings of the 2000 IEEE International Conference on Control Applications，226-231，2000．

[171] N.Sato，S.Kobayashi，S.Suzuki，K.Furuta．Multi-inputs stabilization of pendulum on flexible base[C]．Proceedings of SICE 2003 Annual Conference，2003．

[172] 宋君烈，肖军．倒立摆系统的 Lagrange 方程建模与模糊控制[J]．东北大学学报(自然科学版)，23(4)：333-337，2002．

[173] 史小霞，张振东，李俊方．二级倒立摆系统数学模型的建立及意义[J]．河北工业大学学报，30(5)：48-51，2001．

[174] 陈文良．分析动力学[M]．上海：上海交通大学出版社，1990．

[175] 肖军．模糊控制在多变量非线性系统中的应用[D]．沈阳：东北大学，2001．

[176] 张清华．一种带智能积分的自调整因子模糊控制器[J]．自动化与仪器仪表，1996(6)：23-25，1996．

[177] 王攀，李幼凤．多调整因子模糊控制器的进化优化[J]．电机与控制学报，6(1)：60-63，2002．

[178] 杨振强，程树康．二级倒立摆的状态变量合成模糊神经网络控制[J]．控制与决策，17(1)：123-125，2002．

[179] 罗成，胡德文，祝晓才，董国华．基于 LQR 和模糊插值的五级倒立摆控制[J]．控制与决策，20(4)：392-397，2005．

[180] 张葛祥，李众立. 倒立摆与自动控制技术研究[J]. 西南工学院学报，16(3)：12-16，2001.

[181] 李洪兴. 模糊控制的插值机理[J]. 中国科学：E 辑，28(3)：259-267，1998.

[182] 肖军，张石. 四级倒位摆系统的模糊控制方法研究[J]. 系统仿真学报，13(6)：752-755，2001.

[183] M.Takahashi，T.Narukawa，K.Yoshida. Intelligent stabilization control to an arbitrary equilibrium point of double pendulum[C]. Proceedings of American Control Conference，6(4)：15-22，2004.

[184] Y.Takahashi，S.Ogawa，S.Machida. Mechanical design and control system of robotic wheelchair with inverse pendulum control[J]. Transactions of the Institute of Measurement and Control，24(5)：355-368，2002.

[185] H.T.Cho，S. Jung. Neural network position tracking control of an inverted pendulum an XY table robot[C]. Proceedings of IEEE/RSJ International Conference on Intelligent Robots and Systems，2：1210-1215，2003.

[186] A.Casavola，E.Mosca，M.Papini. Control under constraints: an application of the command governor approach to an inverted pendulum[J]. IEEE Transactions on Control Systems Technology，12 (1)：193-204，2004.

[187] D.Luo，A.Leonessa. Nonlinear system identification of a reaction wheel pendulum using subspace method[C]. Proceedings of the 2003 American Control Conference，6：4590-4595，2003.

[188] W.S.Lin，C.S.Chen. Robust neurofuzzy controller design of a class of uncertainmultivariable nonlinear systems[C]. Proceedings of the 2001 IEEE International Conference on Control Applications，902-907，2001.

[189] C.Chi-Chun，W.Su-Chiun，F.Li-Chen. Control system design for the Pendulum：a novel integrated architecture of inverted pendulum and linear induction motor[C]. Proceedings of IEEE International Conference on Control Applications，1：87-92，2004.

[190] C.I.Huang，L.C.Fu. Passivity Based Control of the Double Inverted Pendulum Driven by a Linear Induction Motor[C]，Proceedings of 2003 IEEE Conference on Control Applications，2：797-802，2003.

[191] F.Song，S.M.Smith. A Takagi-Sugeno type fuzzy logic controller with only 3 rules for a4 dimensional inverted pendulum system[C]. Proceedings of IEEE International Conference on Systems，Man and Cybernetics，2000 IEEE International Conference on，5：3800-3805，

2000.

[192] 彭家寅，李洪兴，侯健，尤飞，王加银. 基于逐点优化模糊推理的模糊控制器及其插值机理[J]. 系统科学与数学，25(3)：311-322，2005.